# iOS面试
## 一战到底

◀ 张益珲 编著 ▶

清华大学出版社
北京

# 内 容 简 介

本书是一本专门面向提升面试技巧的工具书，同时也是一本专注于提升 iOS 核心开发能力的进阶教程。

本书比较系统地介绍了一个高级 iOS 工程师在开发中需要掌握的各种核心技能，其中包括流行的设计模式与数据结构、常用的核心算法、多线程技术以及 iOS 应用运行和界面渲染的底层原理与优化思路等。本书结合面试场景，提供了大量的模拟习题来帮助读者做演练。通过本书的学习，可以切实提高读者的编程技能，学到更多高阶 iOS 开发技巧，同时也可以提高面试实力，帮助读者在找工作的过程中更加游刃有余。

由于本书涉及更多的是设计开发中的高阶技巧，因此对于无基础的读者来说可能略有难度。本书并不适合零基础的读者作为入门参考书阅读，对于零基础的读者，建议先学习入门类教程后再使用本书做深入与提高。

**图书在版编目（CIP）数据**

iOS 面试一战到底 / 张益珲编著.— 北京：清华大学出版社，2020.7
ISBN 978-7-302-55919-1

Ⅰ.①i… Ⅱ.①张… Ⅲ.①移动终端—应用程序—程序设计 Ⅳ.①TN929.53

中国版本图书馆 CIP 数据核字（2020）第 115529 号

责任编辑：王金柱
封面设计：王 翔
责任校对：闫秀华
责任印制：杨 艳

出版发行：清华大学出版社
    网  址：http://www.tup.com.cn，http://www.wqbook.com
    地  址：北京清华大学学研大厦 A 座    邮  编：100084
    社 总 机：010-62770175    邮  购：010-62786544
    投稿与读者服务：010-62776969，c-service@tup.tsinghua.edu.cn
    质 量 反 馈：010-62772015，zhiliang@tup.tsinghua.edu.cn

印 装 者：大厂回族自治县彩虹印刷有限公司
经  销：全国新华书店
开  本：190mm×260mm   印 张：18   字  数：461 千字
版  次：2020 年 9 月第 1 版   印  次：2020 年 9 月第 1 次印刷
定  价：79.00 元

产品编号：083859-01

# 前　　言

首先，感谢你在众多技术教程中选择本书作为学习的帮手。我希望在你的学习过程中，通过本书可以帮你掌握 iOS 开发的核心技能、扩宽编程思路，在学习和工作中不仅知其然，更知其所以然，从本质上提高代码质量与编程能力。

本书是一本针对 iOS 开发职位面试的技能特训图书。所谓特训，即本书所讲内容有着明确的目标：帮你显著地提高面试能力，快速掌握技术面试中考查频率高、易错率高的核心知识点。

从内容上讲，本书的每一章都可以作为一个独立的专题模块。章与章之间有一定的先后顺序与关联性，但是这种关联性并不强。如果你对某一章内容不感兴趣，或者对某一章所讲内容已经能够熟练掌握，那么你完全可以跳过本章进行阅读学习。同样，你也可以将本书作为一本工具书，在日常开发中查询某些知识点的用法，或者在技术面试前夕进行突击训练。

本书共分为 8 个章节，各章主要内容概述如下：

第 1 章没有涉及具体的技术知识，主要向读者介绍面试前需要做的准备。机会总是留给有准备的人，充足的准备工作可以帮助你更高概率地获得心仪的工作。

第 2 章介绍编程中常用的 23 种设计模式。设计模式可能并不是初学者的必修课，但是无论是对代码质量的提高，还是对优秀编程思路的培养，设计模式都起着至关重要的作用。在技术面试中，设计模式也是经常需要考查的技能点。本章会详细地介绍 23 种常用设计模式的原理、应用场景并且提供代码示例，帮助读者理解并使用这些设计模式。

第 3 章介绍 iOS 开发中一些核心数据类型的底层原理。这些数据类型都是我们日常开发中经常用到的，很多时候越常用到，误区就越容易被忽略。本章将对这些容易忽略的误区做系统介绍。

第 4 章将介绍编程中常用且基础的算法。对基础算法的掌握反映了一个开发者的基础思维能力，这也是面试中经常会考查的一项能力。本章将介绍与算法相关的复杂度的概念，并全面介绍有关查找、排序和树相关的算法。

第 5 章将对 Objective-C 和 Swift 编程语言中容易用错和容易遗漏的核心知识点进行介绍，包括内存管理、代码块、运行循环、可选值和泛型等。这部分内容有一些深度，对初学者来说会略微有些难度，掌握它们是成为高阶开发者的必经之路。

第 6 章将介绍 iOS 开发中界面开发相关的技术。本章会将重点放在 iOS 程序界面渲染的核心流程和原理上，提供给读者从本质上优化 iOS 程序界面渲染性能的思路。本章会涉及 iOS 自动布局技术的原理、图形绘制和动画的原理等。

第 7 章是相对比较独立的一个章节，会系统地介绍 iOS 开发中常用的多线程技术。多线程技术也是面试中的必考点，其本身简单，但是内容松散、容易遗忘，本章内容可以很好地帮助你组织记忆。

第 8 章是本书的最后一章，主要介绍与 iOS 应用上架的相关内容。对于没有上架经验的读者来说，本章内容十分重要，可以帮助你熟悉应用上架要做的准备和整体流程。

本书中的所有范例都提供了源代码参考，并且本书每一章的结尾都提供了一些面试场景，以供读者进行练习。可以扫描下述二维码获取源代码：

如果下载有问题或需要技术支持，请联系 booksaga@126.com，邮件主题为"iOS 面试一战到底"。

最后，本书能够成功出版，首先要感谢清华大学出版社的王金柱编辑，在笔者的写作过程中，王编辑提供了大量的宝贵建议。同时，笔者的家人和朋友也提供了无私的支持与帮助，没有大家的无私付出，本书无法呈现在你的手上。希望本书最终可以发挥价值，带给你更多的收获。

张益珲

2020 年 6 月 20 日

# 目　　录

# 第1章

## 面试前的准备

有人说"未雨绸缪，有备无患"，也有人说"机会总是留给有准备的人"。中国还有句古语，叫作"凡事预则立，不预则废"。做任何一件事情前，要想将其做好，平时的积累很重要，事前的准备也很重要。

对于互联网行业，在面试前进行充分的准备更加重要。很多技能知识是需要日积月累才能掌握的，但是精心的准备简历与挑选目标公司可以助你找到适合自己的工作职位。本章，我们就从面试前所需要准备的事情说起。

### 面试前的冥想

（1）你有过失败的面试么，如果有，就回想一下面试前后的场景。

（2）你有过成功的面试么，如果有，就回想一下面试前后的场景。

（3）回想一下是否有某个面试官使你印象深刻，思考一下为什么这个面试官会给你留下深刻的印象。

（4）你的简历都包含哪些内容？

（5）回想一下面试的时候你是如何介绍自己的。

## 1.1　精致你的简历

简历就是你的名片，是决定你是否可以进入一家公司的敲门砖。对于一些热门职位，公司往往会收到非常多的求职简历，尤其是技术岗位，很多简历可能都得不到技术部门的审阅，在人力资源部门就被筛选下去了。因此，将自己的简历制作精致非常重要，这是你能获得面试机会的保证。

### 1.1.1　求职简历的基本格式

对于技术岗位的求职简历，布局和排版样式可能千变万化，网上也有非常多的简历模板，但是需要包含的基本内容是不变的。

首先要有个人基本信息的介绍，包括姓名、性别、年龄、地区、在职状态等，也可以添加一张自己的职业照片，但是需要注意，职业照片的选择也非常重要，一定要是简单、干练、整洁的单人照，如果没有合适的照片，就不要随便选取一张照片来充数，不合适的照片也可能会成为你的减分项。

其次是学习与工作经历，学习经历无须太细致，一般只需要将最高学历的学校名称、就读专业与就读时间描述清楚即可。工作经历也是简历中非常重要的一项，会直接影响面试筛选者对你是否可胜任所求职岗位的评判，因此工作经历一定要突出与所面试岗位相关的内容。比如，你面试的是一个电商公司的技术岗位，那么如果之前你有过电商项目的工作经历，这将是你需要重点突出的。对于应届生或从未有过工作经历的求职者，工作经历也不要空白，可以填写自己毕业设计项目的经历或者兼职经历，只要是与所应聘岗位有关的，都可以填写。

简历的最后通常会有一段自我介绍，自我介绍内容不宜过长，要将自己最自豪的成就或完成的最困难的任务写入其中，对于技术岗位，这一部分通常可以写自己之前的开源项目情况、横向领域的技能情况、知识分享与积累的情况等。如果你的简历通过了人力资源部门的初步筛选，在技术部门的筛选中这一部分将可能会成为你脱颖而出的关键。

如图 1-1 所示是一份求职简历的基本模板样式。

图 1-1　求职简历基本模板示例

### 1.1.2　投其所好——精准投递你的简历

近年来，"精细化"这个词非常热门，精细化管理提倡因人而异的分配和安排工作，发挥每种岗位独特的优势，激活每个人最高的效率。精细化运营提倡因用户而异的运营活动，对每个用户根据其画像和需求提供最合适的服务。对于求职简历，我们也可以精细化地投递，即面对不同的公司、不同的岗位投递不同的简历。

精细化投递简历需要你准备好多份不同的简历，例如对于外企职位的应聘，你通常需要投递英文版本的简历。在 1.1.1 小节我们也提到，对于不同业务的公司，在简历的工作经历中要额外突出与公司业务有关的工作经历，这就需要你进行定制化精简，将无关的经历删除，只保留最重要的信息，求职简历的最大忌讳就是过于冗长，A4 纸 1 到 2 页是一个比较合适的长度，要知道，招聘人员在筛选简历时，根本不会阅读完简历的内容，你需要做的只是将最重要的部分曝光给招聘者。

精细化地编写简历有几个方面可以进行参考。首先可以准备中文版本和英文版本的两种简历，对于工作经历部分可以根据投递公司的业务性质进行重点突出。另外，由于工作性质的不同，简历结构也可以灵活调整。例如，对于实习生岗位，公司可能更看重求职者在学校的全面表现，这时就可以将在学校参与过的职务、获得过的奖项进行突出，对于创新性工作的岗位，可以将能突出自己创新能力的小发明、文章和社会实践等部分进行重点突出。

上面提供了精细化投递简历的思路，具体简历应该怎样精细化编写，需要结合求职公司、求职岗位和自身优势进行思考，这是一件费工夫的事情，但是做好后一定会受益匪浅。

# 1.2　筛选面试机会

在 1.1 节中，我们介绍的是如何作为被动方投递简历供招聘者筛选。一旦我们的简历通过筛选，我们就变成了主动方，并非所有的面试机会都需要去，当收到的面试邀请较多时，面试时间可能会冲突，或者随着我们对公司的深入了解，了解到更多我们之前未知的公司情况与信息，这时参加无用的面试则会浪费你大量的时间，并且有可能使你错过更好的机会。

## 1.2.1　从眼前着眼，也考虑未来

在筛选面试机会的同时，首先要从眼前出发，公司的面试邀请中一般会将公司的地址、面试时间、流程、所应聘的职位以及公司介绍等信息传递给求职者，这些信息十分重要。对于公司的地址，要考虑应聘成功后上下班是否方便、交通所消耗的时间是否可接受；从面试时间和流程可以看出公司的管理是否规范、公司的组织结构是否井井有条等。尤其要注意查看面试邀请中职位与自己所应聘的职位是否一致，是否满足自己的要求。

除了根据当前情况结合面试邀请中的信息决定是否参加面试外，也可以将眼光放得更长远一些，深入了解一下当前公司的发展情况，自己所应聘部门的发展情况以及所应聘岗位的未来发展趋势。将这些综合考虑后筛选出符合自己未来职业规划的机会，进行深入准备，参加面试。

## 1.2.2　在面试过程中分析公司

面试可能不止一轮，很多公司要经过多轮面试。面试的过程是双向的，一方面是公司对应聘者的能力考查，另一方面是应聘者对公司的综合分析，因此在面试过程中一定不要只做被

动者，要与面试方进行交互，获取自己所要的信息。当一轮面试完成后，如果发现公司并不适合自己，并且确定自己最终不会选择这个公司，则可以拒绝掉后续的面试程序，节省时间将精力花费在更加重要的事情上。后面我们也会专门对面试中的交流与提问技巧进行讨论。

# 1.3 笔试与面试

很多公司在真正面试前都会先进行一轮笔试。笔试的内容通常并不会太难，算是对应聘者的一轮初步筛选，对于技术岗位主要是进行基础知识的考查。面试部分通常更注重以往经验的考查。

## 1.3.1 关于笔试需要注意的事

对于技术岗位，笔试通常会考查应聘者的基础技术能力，例如考查应聘者对于一些技术概念是否清楚、对常用的算法是否能够熟练应用等。有时也会要求应聘者现场上机进行测试。下面列举了对于技术笔试，应聘者可以着重注意的一些方面：

（1）对一些经常使用但很少深究的技术概念进行复习。
（2）对常用的排序算法进行练习，并分析其时间复杂度、空间复杂度。
（3）对常用的几种设计模式进行深入理解。
（4）对指针及内存分配方面的内容进行着重复习。
（5）对异步与多线程方面的内容进行着重复习。

如果需要上机测试，则对应聘者的考查不仅仅是理论知识，还会检测出应聘者编写代码的思路是否清晰、写代码的习惯是否良好、命名和缩进格式是否整洁等。因此，在进行上机测试时，除了按照题目要求完成题目外，一定要注意规范与整洁地进行代码编写。

对于笔试中经常考查到的内容，本书后面章节都会详细进行介绍。

## 1.3.2 关于面试需要注意的事

面试更多的是对应聘者过往经验以及其应聘岗位所需能力的考查。一般在面试的开头，面试官都会要求应聘者进行一个简单的自我介绍，和写简历一样，进行自我介绍时也不宜过长，抓重点进行阐述，同时切记要实事求是，夸大自己之前的能力则会使面试官更多地问出超出你水平的问题，这将得不偿失。

在参加面试前，首先要按照面试邀请中的要求准备好需要携带的资料，尤其是简历。很多时候面试官不止一个，提前多准备几份简历可以做到有备无患，并且可以给面试官留下办事细致的印象。

在参加面试时，也要注意自己的衣着发型是否得体，在面试时要留心使用身体语言，即通过手势、表情、眼神等将自己所描述的事情更生动地表达，并与面试官进行适当的交互，这样会让面试官感受到你对这份工作的热情。

在专业技术方面，一定要尽可能地表现出自己的专业性，例如对于面试官提出的一个技术问题，如果你非常清楚，除了给出问题的解决方案外，也可以多介绍几种方法，并评价其优劣，纵向横向都可以对这些方案进行扩展介绍。

最后，在面试时还要注意语言方式与态度，要以谦逊的态度进行问题的回答，语速要平和适中，不要过快或过慢。同时，面试的过程也是一个学习的过程，无论最终应聘结果如何，要让面试消耗的时间有所价值，在面试过程中如果遇到超出自己知识范围的问题，在表达自己不了解后可以向面试官请教，也可以记录下来，回去后研究解决，面试的过程也是向面试官学习的一个好机会。

## 1.4　面试中的交流与提问

整个面试的过程都是和面试官进行交流的过程。所谓交流，即是双向沟通，因此面试不仅是面试官向你进行技术问题考查，你也可以适时地向面试官进行提问，无论技术上的交流还是对公司业务的交流，都能让面试官更加了解你，也能让你更加了解所应聘的公司。

### 1.4.1　尽量使单向的陈述变成双向的交流

在面试的过程中，应聘者大多数时候都是在回答面试官的问题。尽管如此，在回答面试官问题的同时，我们也可以尽量与面试官进行语言上的交互。适当的交互可以表现出应聘者对这份工作的热情，并且可以给面试官留下善于交流的印象，毕竟在日后的工作中，应聘者除了拥有过硬的技术本领外，也需要有良好的沟通能力。

在回答面试官的问题时，如果对此问题胸有成竹，则可以进行扩展讲解，并且积极地穿插自己的见解，与面试官进行交流。例如，使用"您这样试过吗？""我认为还有另一种解决方案，您看这样有问题吗？"等类似的交流方式。

如果遇到的问题是自己不太熟悉的，除了现场思考解决方案外，也可以积极地请教面试官自己的想法是否正确、是否有漏洞存在。最后，在描述自己无法正确解答时，也可以向面试官询问正确的解决方案。

在面试时，还有一点非常重要，就是在面试官描述完问题后，一定不要急于回答，要明确自己理解了面试官的问题核心，以及问题想要考查的技术方面，并且在回答过程中时刻关注面试官的反应，不要自己回答很长时间，最后发现根本不是面试官想问的内容。

### 1.4.2　把握提问的机会

面试的最后，应聘者往往会得到几分钟提问的机会。这几分钟的提问机会非常宝贵，一定要将其好好利用。

很多应聘者对于回答问题准备得非常充分，但是到提出问题的环节反而蒙了，其实提问可以帮助你更深入地了解公司的业务、产品的内容和技术架构以及未来自己可能会充当的角色。提问环节也可以帮助你分析和选择公司。

在提问时，可以思考以下几个方面：

（1）公司目前都经营着哪些核心业务

理解公司的核心业务非常重要，尤其是在入职前，可以将公司的业务方向与自己未来的发展方向做比较，如果比较切合则是最完美不过的，如果与自己的发展方向相悖，或者是自己非常不感兴趣的领域，则在入职前就要好好考虑这个公司是否真的适合自己。

（2）公司的技术架构和工作氛围

初步了解公司的技术架构也是很有必要的，作为一名技术人员，自己技术能力的成长空间也是选择公司的标准之一。工作氛围会影响你的工作心情，毕竟一天中，除了睡觉时间，你大部分的时间都将在公司中度过，找一个让自己心情舒畅的工作环境会使得工作和生活都更加顺利。

（3）明确自己在公司的职位和所需要做的工作

这是最需要了解的事情，提前了解自己未来可能做的事情可以使你心中更加有底，并且如果最终选择了这家公司，你也可以提前做些技术准备，避免一入职就手忙脚乱。更重要的是，这个职位是否有利于你的未来发展、是否和你的预期一致等都可以作为你选择公司的标准。

# 1.5　Offer 的选择与职业规划

Offer 的选择是求职过程中的最后一环。对于 Offer 的选择，除了薪酬因素外，你更应该考虑的是这份工作是否有利于你未来的职业规划。在长远利益与短期利益之间找到平衡点。职业规划则是一个老生常谈的问题，每一届学生在即将毕业时都会进行职业规划的培训，其实职业规划就是要想清楚自己未来的方向，然后做与这个方向一致的事情，一步一步地向自己的理想迈近。

## 1.5.1　选择 Offer 时的几点建议

首先，如果你有选择 Offer 带来的烦恼，那么先恭喜你，这说明你已经成功应聘上了多个公司。Offer 即表示了公司对你的认可，公司认为你有能力胜任提供给你的职位。但是即使有再多的 Offer，你也只能选择其中一个。下面提供几条建议，可以在选择 Offer 时作为参考。

（1）是否符合自己的职业规划

这是最重要的一条。一个人的职业规划是实现其长远目标的路径，如果选择的工作不符合自己的职业规划，则会使长远目标的实现更加曲折，也有可能使这个目标最终夭折。因此，这是最需要重点考虑的一个方面。

（2）自己是否有成长空间

随着社会的发展，重复而机械化的工作终将被智能化取代。因此，在选择 Offer 的时候，也可以考虑这份工作对于自己是否有足够的成长空间。选择有适当压力的工作并非是一件坏事，工作带来压力的同时也会带来挑战，每次挑战对自己来说都是一个成长的机会。

（3）工作生活是否便利、报酬薪水是否符合自己的预期

上下班的交通状态、饮食是否方便以及薪水是否达到自己的要求也是非常重要的参考条件。这些事情虽小，但可能会影响你日后很长的一段时间。

## 1.5.2　关于职业规划

职业规划代表了一种职业理想，是对自己日后职业方向的一种计划与安排。在互联网技术领域，有一个清晰明确地职业规划是非常重要的事，互联网技术发展快，更新迭代快，不进行持续学习的技术人员迟早会被市场所淘汰。如何学习以及向哪个方向进行学习是需要认真考虑的。

以 iOS 开发者为例，做职业规划也有许多不同的路径。然而无论是哪一种路径，都需要对技术领域有一定的深度和广度。因此，对于步入技术开发领域的新人来说，前两年的重心都应该放在积累技术能力上。

职业规划也要考虑带自己的兴趣与性格。例如，性格内敛专注，则更适合深入技术研究，向技术总监或架构师方向发展；性格外向，善于沟通，则更适合向技术管理岗位与讲师岗位发展。

下面列举一些常规的 iOS 技术人员职业规划。

（1）职业规划路径一：初级开发→高级开发→资深开发→架构师

这是最中规中矩的一种职业发展路径，但是也非常困难，需要沉下心来日积月累地钻研技术，从应用层一步一步地向底层原理深入，由表及内地了解系统的运作原理。在初级开发阶段，通常会负责一些应用层且难度不大的常规开发任务。在高级开发阶段则应该具备独立完成复杂项目的能力，并且有能力领导开发小组，帮助初级开发人员解决技术问题。在资深开发阶段，需要对当前技术领域非常精通，有着非常丰富的技术积累与沉淀，可以进行技术攻坚，有能力做创新型的技术方案，解决行业中的难点。对于一般人来说，成为资深开发不是时间的积累就可以到达的，需要平时主动深入钻研技术原理并将其用于实践。架构师是这一职业规划路径的最终目标，除了所拥有的超强技术能力外，更多的是公司层面的眼光与技术决策。好的架构设计可以为未来节省巨大的成本，也可以极致地提高团队的工作效率。因此，架构师所关心的不再是具体的技术问题，而是从安全性、复用性、可维护性和可扩展性等方面进行考虑。

（2）职业规划路径二：初级开发→高级开发→技术经理→技术总监

和职业规划路径一相比，这一规划路径更偏向管理层面。职业规划路径一在高级开发阶段后更深入、更纵向的向技术底层钻研，往资深开发阶段发展。本路径在高级开发阶段后，更宽泛、更横向地学习相关技术，向技术经理方向发展。技术经理通常扮演着管理技术团队的角色。一个完整的技术团队往往包含各个领域的技术人员，技术经理要广泛涉猎各个领域，了解自己的团队，有能力把控技术开发节奏，掌握产品开发周期，并且有能力做技术选型和方案的确定。同时，技术经理也需要与产品团队、设计团队或外部人员进行频繁的沟通，除了技术能力外，还需要优秀的管理能力与沟通能力。技术经理的高级目标就是成为公司的技术总监。技术总监是最终负责人，是一个公司的技术核心领导人，对公司所有产品的技术进行把关，需要高超的掌控力与用人能力。

（3）职业规划路径三：初级开发→初级讲师→高级讲师→技术名师

成为讲师也是开发人员职业规划的一个方向。相较一线的开发人员，讲师的工作节奏会略微慢一些，并且有更多的时间专门研究新技术，并将其应用到自己的授课体系中。从初级开发发展到初级讲师，也算是一个小的职业转型，是否选择讲师行业需要由自己的兴趣和性格决定。喜爱分享、善于总结和表达的人更适合成为一名讲师。并且，作为讲师，技术能力或许只排在第二位，最重要的是教学能力，即是否能让学生理解、是否能让学生学会。这一职业规划的最终目标是技术名师。名师就不再仅仅是属于某个学校或培训机构，而是会通过讲座、写书、技术分享等各种方式帮助无数的技术人员进行提高。

（4）职业规划路径四：技术开发→产品、测试或其他相关岗位

从技术开发转型到产品或测试等岗位是一个小范围内的转行，但是相比完全不懂开发的产品或测试，你将会获得非常大的优势。转行到产品岗位最终的目标应该是产品总监，优秀的产品都需要对技术有一定的了解，这样在设计产品时可以考虑可行性、开发成本方面的问题，选择最高效的产品方案。测试岗位离开发更近，搭建自动化测试和监控平台需要很深入的编程技能。因此，从开发岗位转型到测试岗位成长会更快。

（5）职业规划路径五：技术开发→开源贡献者→远程工作→自由职业者

这一职业规划可能是大部分技术人最理想的职业规划。简单来讲，自由职业者就是自己安排自己工作的人，不隶属于任何组织，不向任何雇主做长期的职业承诺。对个人来说，作为自由职业者，生活工作都非常自由，可以做自己想做的事情。但是，成为真正的自由职业者并不容易，通过自由职业获取的报酬要足够理想，要有长期稳定的合作客户提供需求等。成为自由职业者很重要的一项标准便是行业口碑和名声，投身开源是积累行业口碑的最佳场景，如果你最终的目标是成为自由职业者，则可以从为开源项目贡献代码起步。

# 1.6　回顾、思考与练习

本章的内容并不多，并且没有涉及具体技术相关的内容。作为本书的开端，本章为你介绍了一些面试前需要做的准备工作，以及简单的几种职业规划路径。本章的内容可以通过"临阵磨枪""临时抱佛脚"的方式为你的面试成绩加分，但是在求职过程中起决定性因素的依然是技术能力。从下一章开始，我们将根据面试中经常会考查到的知识点分模块地进行系统学习。这些内容除了可以作为求职前的重点复习内容外，在日常的开发中也可以帮助你提高代码设计质量，解决疑难问题。

## 1.6.1　回顾

现在回想一下在本章开头提到的几个问题，通过之前面试的经验结合本章的内容，你是否获得了一些收获？好记性不如烂笔头，赶紧将之前忽略的重点事项记录下来吧！在 1.5 节中提供的几种职业规划路径只是几种大众化的路径，每个人都会有所不同，你也一样。你之前思考过自己的职业规划吗？将其记录下来，并分别制订短期和长期的计划书，为之奋斗吧！

## 1.6.2　思考与练习

1. 很多人都有面试恐惧症，与面试官进行交流的时候会不自觉地紧张，无法正常回答问题。其实恐惧并非不能克服，多次重复地经历面试的流程可以培养自己潜意识中的习惯，将恐惧化解。如果面试紧张总是带给你困扰，那么尝试多进行几次模拟面试吧！可以自己出题目，然后对着镜子进行演练，也可以让自己的好友充当面试官进行练习。

2. 你对自己的简历是否满意？将自己整理好的简历多发给一些同学和朋友，听取一下别人的建议。

# 第2章

# 常用设计模式应用解析

对于初入门软件开发的工程师来说，在编写代码时，考虑设计模式或许并不是第一要务。然而，设计模式对于软件开发来说却是非常重要的。设计模式决定了软件开发的根基，决定了代码的易用性、可扩展性、可维护性、可读性以及健壮性等。学习使用设计模式是成为高级软件工程师的必备技能。

在进行中高级别的技术岗位面试时，通常会考查应聘者对设计模式的理解与使用经验。深入地学习设计模式不仅可以切实提升自己的编程能力，也会在面试中为自己加分。

**面试前的冥想**

(1) 你是怎样理解设计模式的，你曾经都用过哪些设计模式？

(2) 在编写代码时，是否一定需要使用设计模式，设计模式可以解决哪些问题？

(3) 你能一口气说出多少种设计模式？

(4) 设计模式分为哪几类？每种分类都有什么特点？

(5) 回忆一下设计模式所遵守的原则，思考在软件开发中为什么要遵守这些原则。

## 2.1　设计模式概述

"设计模式"一词最初并非出现在软件设计中，而是建筑学领域中常用的术语。1995 年出版的《设计模式：可复用面向对象软件的基础》一书最早开始系统地介绍和总结软件开发中的设计模式，取得了软件设计模式的突破。到目前为止，软件开发领域依然遵守经典的 23 种设计模式。本章将完整地对这 23 种设计模式进行介绍。

本章内容的相关代码均采用最新版本的 Swift 语言编写：一方面，Swift 语言作为 Apple 官方推荐的开发语言，应用越来越广泛；另一方面，Swift 语言是非常现代化的一门语言，其语言的设计本身就包含了许多设计模式的思想，在学习时我们可以更好地对 Swift 语言的巧妙设计进行体会。

## 2.1.1　初识设计模式

对于软件设计模式，很难下一个完整的定义。我们可以从要实现的效果来理解设计模式。从根本上讲，设计模式是一套被反复使用、多次总结、从代码设计经验中总结出的软件设计方法。其是软件工程师前辈对编码经验的一种总结，目的是提高代码的可重用性、可读性和可靠性等。使用设计模式的目的是使得代码的组织更加结构化，改善代码的质量。下面列举使用设计模式所要达到的目标：

（1）使得代码的组织结构更加合理，逻辑更加清晰。
（2）提高代码的可重用性。
（3）提高代码的可读性。
（4）提高代码的可维护性。
（5）提高代码的扩展性和灵活性。
（6）使程序的设计更加标准化，代码的编写更加工程化，提高开发效率。

设计模式也是面向对象编程思想的一种实际应用。在学习设计模式时，也可以提高我们对面向对象编程思想的理解。在学习设计模式时，要重点抓住下面几个方面：

### 1. 要解决的问题场景

设计模式不是解决独立的问题（是算法要处理的事情），而是要解决某个问题场景。在学习设计模式时，首先要考虑此设计模式是用在什么场景下的、拥有怎样的应用环境。

### 2. 设计模式提供的解决方案

每一种设计模式都提供了一种编程思想与问题场景的解决方案，每个设计模式都不是万能的，其一定是适用于某个场景的解决方案，同时它又一定不只是解决单一的某个场景，而是提供了一种思路。在学习设计模式时，要深刻理解其所提供解决方案的思路。

### 3. 使用设计模式所达到的效果

在学习设计模式时，要明确该设计模式要达到的效果。并非所有问题都适合使用设计模式，在不合适的场景使用设计模式反而适得其反。在选择设计模式时，要分析其所能达到的效果，从时间和空间上进行衡量。

## 2.1.2　设计模式的分类

本章所介绍的 23 种设计模式，从作用上可以分为 3 类，即创建型模式、结构型模式和行为型模式。

创建型模式用来描述怎样创建对象。其核心是将对象的创建与使用分离，包括单例模式、原型模式、工厂方法模式、抽象工厂方法模式、建造者模式。

结构型模式用来描述怎样组织类和对象，包括代理模式、适配器模式、桥接模式、装饰模式、外观模式、享元模式和组件模式。

行为型模式用来描述类或对象的行为，包括模板方法模式、策略模式、命令模式、职责链模式、状态模式、观察者模式、中介者模式、迭代器模式、访问者模式、备忘录模式和解释器模式。

设计模式根据其作用的目标不同又可以分为类模式与对象模式。类模式用来布局类与子类的关系，其中包括工厂方法模式、适配器模式、模板方法模式和解释器模式。其余的设计模式用于描述对象之间的关系，都属于对象模式。

# 2.2　关于 UML 建模语言

在上一节中，我们简单介绍了设计模式的初步概念。设计模式所注重的并非是具体代码的编写，而是代码的组织结构。并且，设计模式也是为了方便工程师之间进行设计思路的交流。如何描述所设计的系统是非常重要的。UML Unified Modeling Language，统一建模语言就是用来描述系统设计的一种语言。

## 2.2.1　UML 简介

1997 年 UML 语言被采纳为面向对象建模语言的国际标准。UML 通过简单统一的图像化结构来表达软件设计中的类与对象的布局和关系，使得设计人员的沟通更加简化，进一步缩短了设计时间，减少了开发成本。

UML 模型从不同角度出发定义了用例图、类图、对象图、状态图、活动图、时序图、协作图、构件图和部署图。UML 不仅仅只能用于软件设计领域，在其他工程设计领域也有非常广泛的应用。

本节将着重介绍使用 UML 描述构建类图的相关内容。在软件设计中，类图也是最常用的描述系统设计的方式。

在软件设计中，类可以通过 3 个要素来进行描述，分别为类名、属性和行为。属性是类中定义的成员变量，行为是类中定义的成员方法。在 UML 中，描述类中的一个属性的语句如下：

```
[可见性]属性名:类型
```

示例如下：

```
-name:String
```

上面的 UML 语句描述了一个名为 name 的私有属性，为 String 字符串类型。其中，"-"描述属性的可见性为私有，在 UML 中可以表达可见性的符号如表 2-1 所示。

表2-1　在UML中可以表达可见性的符号

| 符　号 | 意　义 | 符　号 | 意　义 |
|---|---|---|---|
| + | 公开的（public） | # | 受保护（protected） |
| - | 私有的（private） | ~ | 友员的（Friendly） |

类中的方法可以使用如下格式描述：

[可见性]名称(参数列表) [:返回类型]

示例如下：

+hello():void

上面定义了一个公开的方法，命名为 hello，其中没有参数且返回值为空。

在 UML 类图中定义一个教师类，如图 2-1 所示。

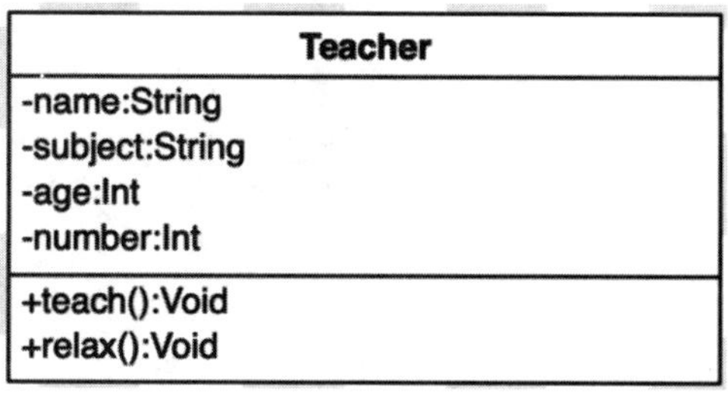

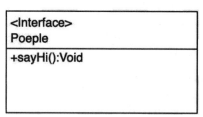

**Teacher**
-name:String
-subject:String
-age:Int
-number:Int

+teach():Void
+relax():Void

图 2-1　使用 UML 描述教师类

在 UML 类图中，定义接口的方式与定义类的方式基本一致。接口是一种结构，不可以被实例化，其中可以定义方法但是不对方法进行实现，通常会包含抽象的行为。如图 2-2 所示定义了一个名为 People 的接口。

&lt;Interface&gt;
Poeple
+sayHi():Void

图 2-2　使用 UML 描述接口

## 2.2.2　使用 UML 描述类之间的关系

在软件设计中，类并不是互相孤立的，类与类之间存在着各种关系。根据类与类的耦合程度，从低到高可以分为如下几种关系：

- 依赖关系
- 关联关系
- 聚合关系
- 组合关系
- 泛化关系
- 实现关系

其中依赖关系的耦合性最弱，表示临时性的一种关联。例如，某个类中的某个方法使用到了另一个类的实例，可在 UML 类图中使用带箭头的虚线表示这种关系，箭头方向从使用方指向被依赖方。在如图 2-3 中，教师类中的 teach 方法就需要使用到 Book 类的实例。

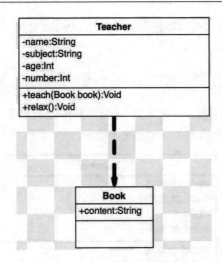

图 2-3 类之间的依赖关系

关联关系比依赖关系耦合度要高，当一个类中定义的属性类型是另一个类时，这两个类就属于关联关系。关联关系可以是单向的，也可以是双向的。单向的关联关系用带箭头的实线来描述，箭头从使用方指向被关联方；双向的关联关系用带双箭头的实线描述。以教师类和学生类为例，如果教师类中定义了一个学生列表，学生类中定义了班主任教师属性，那么它们就形成了双向关联关系，如图 2-4 所示。

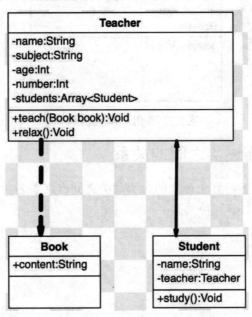

图 2-4 类之间的关联关系

聚合关系也是一种关联关系，只是耦合性更高，通常表示的是部分与整体的关系，即其描述的是 has-a 关系。例如，我们定义一个班级类，班级类中有学生列表，则班级类与学生类就是聚合关系。注意，在聚合关系中，如果使用方不存在了，被依赖方依然可以存在。在 UML 类图中，使用带空心菱形箭头的实线描述聚合关系，如图 2-5 所示。

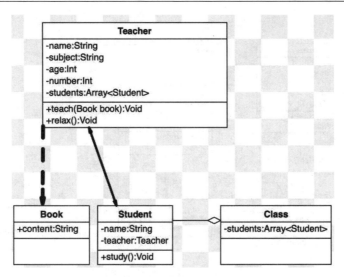

图 2-5　类之间的聚合关系

组合关系与聚合关系类似，不同的是，当使用方不存在时，被依赖方也将不存在，这种关系下类的耦合度更强。例如，班级中包含一个班级排名的属性，则它们之间属于组合关系。在 UML 类图中，组合关系使用带实心菱形箭头的实线描述，如图 2-6 所示。

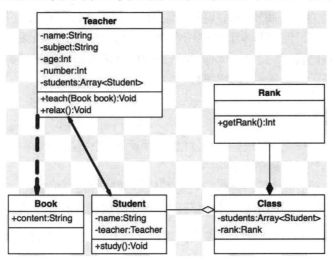

图 2-6　类之间的组合关系

泛化关系与实现关系是类与类关系中耦合性最强的两种关系。其中，泛化关系是指子类与父类的关系，实现关系是指类与实现的接口的关系。在 UML 类图中，泛化关系使用带空心箭头的实线描述，实现关系使用带空心箭头的虚线描述，如图 2-7 所示。

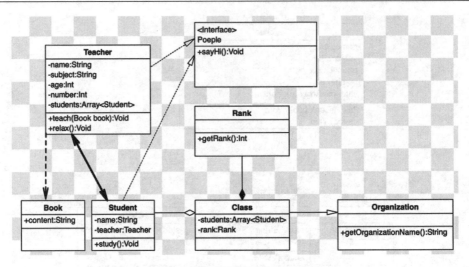

图 2-7 类直接的泛化和实现关系

# 2.3 软件设计的 7 条原则

在软件开发时，为了提高软件系统的可维护性和可复用性、增加软件的可扩展性和灵活性，通常要遵守一定的设计原则。本节将介绍在软件开发中公认的 7 条设计原则，即开闭原则、里式替换原则、依赖倒置原则、单一职责原则、接口隔离原则、迪米特原则、合成复用原则。很多设计模式都是基于这 7 条原则实现的。

## 2.3.1 开闭原则

勃兰特•梅耶在 1988 年的著作《面向对象软件设计》中提出：软件实体应当对扩展开放，对修改关闭。这成为开闭原则的经典定义。

开闭原则是软件设计的终极目标，对扩展开放可以使得软件拥有一定的灵活性，同时对修改关闭又可以保证软件的稳定性。使用开闭原则设计的软件有如下优势：

（1）测试方便。由于开闭原则对修改关闭，因此软件实体是拥有稳定性的，测试时只需要对扩展代码进行测试即可。

（2）更好地提高代码复用性。开闭原则通常采用抽象接口的方式来组织代码结构，抽象的编程本身就对代码的复用性提高有很大的帮助。

（3）提高软件的维护性和扩展性。由于开闭原则对扩展开放，因此当软件需要升级时，可以很容易地通过扩展来实现新的功能，开发效率会更高，代码也更易于维护。

在面向对象开发中，实现开闭原则可以通过继承父类与实现接口两种方式。在开闭原则中，一个类只应该因为错误而修改，新加入的功能都不应该修改原始的代码。

继承的方式通过让子类继承父类来实现扩展性。子类可以重写父类的方法来实现差异的功能，也可以部分复用父类的代码，在此基础上添加新的逻辑功能。

　　以应用皮肤主题设计为例来理解开闭原则，首先使用 Xcode 开发工具新建一个命名为
OpenClosePrinciple.playground 的文件，在其中编写如下代码：

```swift
enum Color : String {
    case black = "black"
    case white = "white"
    case red = "red"
    case blue = "blue"
    case green = "green"
    case gray = "gray"
    case yellow = "yellow"
    case purple = "purple"
}
// 默认的主题风格
class Style {
    var backgroundColor = Color.black
    var textColor = Color.white

    init(){}

    func apply() {
        print("应用皮肤:背景颜色(\(self.backgroundColor.rawValue)), 文字颜
色:(\(self.textColor.rawValue))")
    }
}


let baseStyle = Style()
baseStyle.apply()
```

　　上面代码描述了一个简单的主题应用的逻辑。Color 枚举定义了颜色。Style 类是一个主题
类，其中定义了此主题的背景颜色是黑色、文字颜色是白色，并调用 apply 方法进行主题的应
用。上面的代码在 apply 方法中还做了简单的打印操作。假设我们需要添加一个背景色为白色、
文字颜色为黑色且按钮颜色为紫色的主题。一种方式是直接对 Style 类进行修改，使其符合我
们的需求，但这明显违背了开闭原则；另一种方式是创建一个继承于 Style 的类，用来扩展新
的功能，例如：

```swift
class LightStyle : Style {
    var buttonColor = Color.purple

    override init() {
        super.init()
        self.backgroundColor = Color.white
        self.textColor = Color.black
```

```
    }

    override func apply() {
        print("应用皮肤:背景颜色(\(self.backgroundColor.rawValue)), 文字颜
色:(\(self.textColor.rawValue)),按钮颜色:(\(self.buttonColor)))")
    }
}
let lightStyle = LightStyle()
lightStyle.apply()
```

从上面的代码可以看出,通过继承方式实现的开闭原则并不彻底。通过接口可以更好地实现开闭原则,改写代码如下:

```
protocol StyleInterface {
    var backgroundColor : Color { get }
    var textColor : Color { get }
    var buttonColor : Color { get }
    func apply() -> Void
}
class BaseStyle : StyleInterface {
    var backgroundColor: Color {
        get {
            return Color.white
        }
    }

    var textColor: Color {
        get {
            return Color.black
        }
    }

    var buttonColor: Color {
        get {
            return Color.red
        }
    }

    init() {}

    func apply() {
        print("应用皮肤:背景颜色(\(self.backgroundColor.rawValue)), 文字颜
色:(\(self.textColor.rawValue)),按钮颜色:(\(self.buttonColor)))")
```

```
    }
}
class DarkStyle : StyleInterface {
    var backgroundColor: Color {
        get {
            return Color.black
        }
    }

    var textColor: Color {
        get {
            return Color.white
        }
    }

    var buttonColor: Color {
        get {
            return Color.purple
        }
    }

    init() {}

    func apply() {
        print("应用皮肤:背景颜色(\(self.backgroundColor.rawValue)), 文字颜
色:(\(self.textColor.rawValue)),按钮颜色:(\(self.buttonColor))")
    }
}

let baseStyle = BaseStyle()
let newStyle = DarkStyle()
baseStyle.apply()
newStyle.apply()
```

如上代码所示，StyleInterface 是一个协议，协议中定义了与主题相关的一些属性和应用主题的方法，后面当我们需要扩展多个主题时，只需要对此接口进行不同的实现即可，不会影响到其他已经存在的主题类。

## 2.3.2　里式替换原则

里式替换原则是里斯科夫在 1987 年的"面向对象技术高峰会议"上提出的，其核心观念是：

继承必须保证超类所拥有的性质在子类中依然成立。遵守里式替换原则，在进行类的继承时，要保证子类不对父类的属性或方法进行重写，而只是扩展父类的功能。其实，里式替换原则是对开闭原则一种更严格的补充，除了有开闭原则带来的优势外，也保证了继承中重写父类方法造成的可复用性变差与稳定性变差的问题。

里式替换原则在实际编程中主要应用在类的组织结构上，对于继承的设计，子类不可以重写父类的方法，只能为父类添加方法。如果在设计时，发现子类不得不重写父类的方法，则表明类的组织结构有问题，需要重新设计类的继承关系。

例如，假设我们的程序中需要组织鸟类与鸵鸟类，我们可能很容易写出下面这样的代码：

```swift
class Bird {
    var name:String
    init(name:String) {
        self.name = name
    }
    func fly() {
        print("\(self.name)开始飞行")
    }
}
let bird = Bird(name: "鸟")
bird.fly()
class Ostrich : Bird {
    override func fly() {
        print("抱歉！不能飞行")
    }

    func run() {
        print("\(self.name)极速奔跑")
    }
}
let ostrich = Ostrich(name: "鸵鸟")
ostrich.run()
```

如上代码所示，Bird 类作为鸟类的基类，其中定义了一个通用的构造方法和一个鸟类飞行的方法，在设计鸵鸟类时，我们让其继承自鸟类，并且扩展了一个奔跑的方法。因为鸵鸟虽然在很多方面都有鸟的特征，但是其不能飞行，因此我们需要重写鸟类中的 fly 方法来修正其飞行的行为。这样做虽然实现了需求，但是违反了里式替换原则。在这种情况下，我们需要对类的继承关系进行重构，最便捷的方式是将抽象的部分再进行一层抽离。示例如下：

```swift
class Animal {
    var name:String

    init(name:String) {
```

```
        self.name = name
    }
}
class Bird : Animal {

    func fly() {
        print("\(self.name)开始飞行")
    }
}
let bird = Bird(name: "鸟")
bird.fly()
class Ostrich : Animal {
    func run() {
        print("\(self.name)极速奔跑")
    }
}
let ostrich = Ostrich(name: "鸵鸟")
ostrich.run()
```

如上代码所示，将通用的名称属性和构造方法抽离到了 Animal 类中，让 Bird 类与 Ostrich
类都继承于 Animal 类，Bird 类对 Animal 类扩展了 fly 方法，Ostrich 类对 Animal 类扩展了 run
方法，这样就遵守了里式替换原则，对原 Animal 类没有任何修改。

### 2.3.3　单一职责原则

单一职责原则是由罗伯特·C.马丁最初在《敏捷软件开发：原则、模式和实践》一书中提
出的一种软件设计原则。其核心是一个类只应该承担一项责任，在实际设计中，可以以是否只
有一个引起类变化的原因作为准则，如果不止一个原因会引起类的变化，则需要对类重新进行
拆分。

如果一个类或对象承担了太多的责任，则其中一个责任的变化可以带来对其他责任的影
响，且不利于代码的复用性，容易造成代码的冗余和浪费。遵守单一职责原则设计的程序有以
下几个特点：

● 降低类的复杂度，一个类只负责单一的职责，逻辑清晰，提高内聚，降低耦合。
● 提高代码的可读性，提高代码的可复用性。
● 增强代码的可维护性与可扩展性。
● 类的变更是必然的，功能的增加必然会产生类的变更，单一职责可以使变更带来的影
    响最小。

下面，我们以用户界面管理类的设计来演示单一职责原则的应用。首先使用 Xcode 开发
工具创建一个 playground 文件，在其中编写如下代码：

```
class UserInterface {
```

```
        var data:String?

        func loadData() {
            self.data = "数据加载完成"
        }

        func show() {
            self.loadData()
            print("展现界面: \(self.data!)")
        }
}
let ui = UserInterface()
ui.show()
```

如上代码所示，UserInterface 类模拟了用户界面，其中提供了 show 方法来进行页面的展示，但是用户页面都是需要通过数据来展示的，因此这个类中还封装了一个名为 loadData 的方法来加载数据。这样设计，UserInterface 类就承担了两个职责，分别为加载数据与展示界面，违反了单一职责原则。假如，后面我们需要对数据加载的逻辑进行修改，则必然会影响到界面展示的逻辑，代码演示如下：

```
class UserInterface {
    var bannerData:String?
    var listData:String?

    func loadBannerData() {
        self.bannerData = "横竖数据加载完成"
    }

    func loadListData() {
        self.listData = "列表数据加载完成"
    }
    func show() {
        self.loadBannerData()
        self.loadListData()
        print("展现界面: \(self.bannerData!),\(self.listData!)")
    }
}
let ui = UserInterface()
ui.show()
```

根据单一职责原则的定义，我们可以对 UserInterface 类进行重构，对职责进行拆分，使 UserInterface 类只负责界面的展示，数据的加载交给另外的类负责，示例代码如下：

```
class DataLoader {
    var bannerData:String?
    var listData:String?

    func loadBannerData() {
        self.bannerData = "横竖数据加载完成"
    }

    func loadListData() {
        self.listData = "列表数据加载完成"
    }

    func getData() -> String {
        self.loadBannerData()
        self.loadListData()
        return "\(self.bannerData!),\(self.listData!)"
    }
}
class UserInterface {
    func show() {
        print("展现界面: \(DataLoader().getData())")
    }
}
let ui = UserInterface()
ui.show()
```

重构后的代码遵守了单一职责原则，将数据的加载与界面的展示进行拆分，之后无论是修改数据的加载逻辑还是页面的展示逻辑，他们之间都不会产生影响。

## 2.3.4　接口隔离原则

接口隔离原则要求编程人员将庞大臃肿的接口定义拆分成更小和更具体的接口。接口只暴露类需要实现的方法。和单一职责原则类似，接口隔离原则主要要求接口在定义时职责要单一，其"隔离"主要是指对接口依赖的隔离。

使用接口隔离原则设计的程序接口有如下几点优势：

- 将庞大的接口拆分成细粒度更小的接口，灵活性和扩展性更好，也更易于在类实现时遵守单一职责原则。
- 接口隔离提高了系统的内聚性，降低了系统的耦合性。
- 有利于代码的复用性，减少冗余代码。

以我们之前所举例过的用户页面的展示为例，首先编写如下代码：

```
protocol UserInterfaceProtocol {
```

```
    var bannerData:String { get }
    var listData:String { get }

    func show()
}
class UserInterface : UserInterfaceProtocol {
    var bannerData:String {
        get {
            return "横竖数据加载完成"
        }
    }
    var listData:String {
        get {
            return "列表数据加载完成"
        }
    }
    func show() {
        print("展现界面：\(self.bannerData),\(self.listData)")
    }
}
let ui = UserInterface()
ui.show()
```

上面的代码明显违反了单一职责原则，做简单的修改，将数据提供与页面展示逻辑分开，
具体如下：

```
protocol UserInterfaceProtocol {
    var bannerData:String { get }
    var listData:String { get }

    func show()
}
class DataLoader : UserInterfaceProtocol {
    func show() {
        // 无意义的方法实现
    }
    var bannerData:String {
        get {
            return "横竖数据加载完成"
        }
    }
    var listData:String {
        get {
```

```
            return "列表数据加载完成"
        }
    }
}
class UserInterface : UserInterfaceProtocol {
    // 无意义的属性
    var bannerData:String {
        get {
            return ""
        }
    }
    var listData:String {
        get {
            return ""
        }
    }
    func show() {
        let dataLoader = DataLoader()
        print("展现界面: \(dataLoader.bannerData),\(dataLoader.listData)")
    }
}
let ui = UserInterface()
ui.show()
```

从改写后的代码可以看出，虽然使用单一职责原则将数据的加载与页面的展示进行拆分，但是接口并没有隔离，在 DataLoader 类与 UserInterface 类中都必须实现其不需要使用的接口。因此，我们需要使用接口隔离原则对 UserInterfaceProtocol 的定义也进行拆分，具体如下：

```
protocol DataLoaderProtocol {
    var bannerData:String { get }
    var listData:String { get }
}
protocol UserInterfaceProtocol {
    func show()
}
class DataLoader : DataLoaderProtocol {
    var bannerData:String {
        get {
            return "横竖数据加载完成"
        }
    }
    var listData:String {
```

```
        get {
            return "列表数据加载完成"
        }
    }
}
class UserInterface : UserInterfaceProtocol {
    func show() {
        let dataLoader = DataLoader()
        print("展现界面: \(dataLoader.bannerData),\(dataLoader.listData)")
    }
}
let ui = UserInterface()
ui.show()
```

## 2.3.5　依赖倒置原则

依赖倒置原则是面向对象开发中非常重要的一个原则,在大型项目的开发中,通常会采用分层的方式进行开发,即上层调用下层,上层依赖于下层,这样就会产生上层对下层的依赖。当下层设计产生变动时,上层代码也需要跟着做调整,这样会导致模块的复用性降低,并且大大地提高开发成本。

面向对象编程很大的优势在于其方便地对问题进行抽象,一般情况下抽象层很少产生变化。依赖倒置原则的定义就是:高层模块不应该依赖低层模块,两者都应该依赖其抽象;抽象不应该依赖细节,细节应该依赖抽象。

依赖倒置原则与开闭原则核心思路相同,都是要尽量减少对已有代码的修改,同时又易于进行扩展。依赖倒置原则有如下优势:

- 由于都对接口进行依赖,因此减少了类之间的耦合。
- 封闭了对类实现的修改,增强了程序的稳定性。
- 对开发过程来说,依赖倒置原则的核心是面向接口开发,减少了并行开发的依赖与风险。
- 提高代码的可读性与可维护性。

依赖倒置原则实现的核心是面向接口编程,下面通过顾客购买商品这一逻辑的设计来演示如何实现依赖倒置原则:

```
class FoodStore {
    func sell(count:Int) {
        print("食品商店售卖了\(count)份食品")
    }
}
class Customer {
    func shopping(store:FoodStore, count:Int) {
        print("用户购物")
```

```
        store.sell(count: count)
    }
}
let customer = Customer()
customer.shopping(store: FoodStore(), count: 3)
```

　　如上代码所示，顾客类 Customer 中的 shopping 购物方法依赖了 FoodStore 类。这样一来，如果后面有新的类型的商店出现，顾客若需要在新商店购买商品，则需要对 Customer 类的实现进行修改。此时我们就需要使用依赖倒置原则对代码进行重构，通过定义接口来使得 Customer 类只对抽象的接口进行依赖，具体如下：

```
protocol Store {
    func sell(count:Int)
}
class FoodStore : Store {
    func sell(count:Int) {
        print("食品商店售卖了\(count)份食品")
    }
}
class Customer {
    func shopping(store:Store, count:Int) {
        print("用户购物")
        store.sell(count: count)
    }
}
let customer = Customer()
customer.shopping(store: FoodStore(), count: 3)
```

　　通过重构后的设计，Customer 类去除了对 FoodStore 类的依赖，因此对商店进行扩展非常方便，例如：

```
protocol Store {
    func sell(count:Int)
}
class FoodStore : Store {
    func sell(count:Int) {
        print("食品商店售卖了\(count)份食品")
    }
}
class DepartmentStore : Store {
    func sell(count:Int) {
        print("百货商店售卖了\(count)份百货")
    }
}
```

```
    }
class Customer {
    func shopping(store:Store, count:Int) {
        print("用户购物")
        store.sell(count: count)
    }
}
let customer = Customer()
customer.shopping(store: FoodStore(), count: 3)
customer.shopping(store: DepartmentStore(), count: 5)
```

## 2.3.6　迪米特原则

迪米特原则又叫最少知识原则。其核心为一个类或对象应尽可能少地与其他实体发生相互作用。其初衷是为了降低类的耦合，但是需要注意，由于要符合迪米特原则，需要创建许多额外的中介类，过多的中介类会增加系统的复杂度，有时反而会得不偿失，因此在使用迪米特原则的时候要慎重。

以公司经理工作系统为例，公司的经理每天可能会处理很多事情，例如与客户谈合作、与公司管理人员开会、参加交流会议等。示例代码如下：

```
class Boss {
    var name:String

    init(name:String) {
        self.name = name
    }

    func dailyWork() {
        Customer().businessExchange(boss: self)
        Manager().managementCompany(boss: self)
        SocialAffair().meeting(boss: self)
    }
}
class Customer {
    func businessExchange(boss:Boss) {
        print("\(boss.name)与客户进行业务交流")
    }
}
class Manager {
    func managementCompany(boss:Boss) {
        print("\(boss.name)进行公司管理")
    }
```

```
}
class SocialAffair {
    func meeting(boss:Boss) {
        print("\(boss.name)参加分享大会")
    }
}
let boss = Boss(name: "Jaki")
boss.dailyWork()
```

如上代码所示，在 Boss 类中，对 Customer、Manager 与 SocialAffair 类都进行了依赖。如果使用迪米特原则进行重构，则可以通过引入一个秘书类来消除 Boss 类对过多类的依赖，具体如下：

```
class Boss {
    var name:String
    var secretary:Secretary!
    init(name:String) {
        self.name = name
        self.secretary = Secretary(boss: self)
    }
    func dailyWork() {
        secretary.startWork()
    }
}
class Secretary {
    let boss:Boss

    init(boss:Boss) {
        self.boss = boss
    }

    func startWork() {
        self.businessExchange()
        self.managementCompany()
        self.meeting()
    }

    func businessExchange() {
        Customer().businessExchange(boss: boss)
    }
    func managementCompany() {
        Manager().managementCompany(boss: boss)
```

```
    }
    func meeting() {
        SocialAffair().meeting(boss: boss)
    }
}
class Customer {
    func businessExchange(boss:Boss) {
        print("\(boss.name)与客户进行业务交流")
    }
}
class Manager {
    func managementCompany(boss:Boss) {
        print("\(boss.name)进行公司管理")
    }
}
class SocialAffair {
    func meeting(boss:Boss) {
        print("\(boss.name)参加分享大会")
    }
}
let boss = Boss(name: "Jaki")
boss.dailyWork()
```

如上代码所示，使用迪米特原则重构后的代码引入了 Secretary 类，Boss 类只对 Secretary 进行依赖，经理一日的工作日程都交给了秘书进行处理，但是需要注意，重构后的代码比之前复杂度更高，因为引入了额外的中介类 Secretary。通常，我们不会对单独的类使用迪米特原则，这样做的解耦效果并不明显，但是如果模块与模块之间的交互通过一个中介类来统一处理原则可以大大减小模块间的耦合程度，这是迪米特原则的主要应用之处。

## 2.3.7 合成复用原则

合成复用原则的核心为在设计类的复用时，要尽量先使用组合或聚合的方式设计，尽少的使用继承。合成复用原则与里式替换原则是互为补充的。合成复用原则提倡尽量不使用继承，如果使用继承，则要遵守里式替换原则。

合成复用原则通过组合和聚合的方式实现复用，实现上通常使用属性、参数的方式引入其他实体进行通信。相对继承，有如下优势：

● 维持了类的封装性。
● 类之间的耦合性降低。
● 复用的灵活性提高，通过协议可以动态地修改引入实体的行为。

以教师系统的设计为例，教师根据所教授的科目不同可以分为数学教师、自然教师等，他们之间可以采用继承的关系实现，例如：

```
class Teacher {
    var name:String
    init(name:String) {
        self.name = name
    }
    func teach() {
        print("\(self.name)开始讲课")
    }
}
class MathTeacher: Teacher {
    override func teach() {
        print("\(self.name)开始讲数学课")
    }
}
class NatureTeacher: Teacher {
    override func teach() {
        print("\(self.name)开始讲自然课")
    }
}
let jaki = MathTeacher(name: "Jaki")
let lucy = NatureTeacher(name: "Lucy")
jaki.teach()
lucy.teach()
```

其实，上面的代码所描述的场景就是一个非常适合使用合成复用原则的场景，我们可以将科目独立成类，将其作为 Teacher 类中的一个属性进行关联，除去继承带来的对 Teacher 类的封闭性破坏，重构后的代码如下：

```
class Teacher {
    var name:String
    var subject:Subject
    init(name:String, subject:String) {
        self.name = name
        self.subject = Subject(name: subject)
    }

    func teach() {
        print("\(self.name)开始讲\(self.subject.name)课")
    }
}
class Subject {
    var name:String
```

```
    init(name:String) {
        self.name = name
    }
}
let jaki = Teacher(name: "Jaki", subject: "Math")
let lucy = Teacher(name: "Lucy", subject: "Nature")
jaki.teach()
lucy.teach()
```

重构后的代码中，Teacher 类与 Subject 类都保持了很好的封闭性，并且增强了程序的扩展性，在设计软件时，合成复用原则和里式替换原则要统一考虑进行选择。

到本节为止，我们已经简单介绍了软件设计领域内通用的 7 种设计原则，后面我们将要介绍的设计模式都是基于这 7 种设计原则而总结的软件设计方法。我们所介绍的 7 种设计原则各有侧重点：开闭原则是核心原则，要求我们在设计软件时保持扩展的开放性与修改的封闭性；里式替换原则要求在进行继承时，子类不要破坏父类的实现；单一职责原则要求类的功能要单一；接口隔离原则要求接口的设计要精简；依赖倒置原则要求要面向抽象编程，即面向接口编程；迪米特原则提供了一种降低系统耦合性的方式；合成复用原则要求组织类的关系时谨慎使用继承。

# 2.4　创建型设计模式

本节开始我们将正式进入具体设计模式的学习，23 种常用的设计模式从类型上可以分为创建型模式、结构型模式和行为型模式。

创建型设计模式的核心在于"对象的创建"，其目的是将对象的创建与使用分离，对象的使用者无须关心对象是如何创建出来的。创建型的设计模式包括单例模式、原型模式、工厂方法模式、抽象工厂模式和建造者模式。下面，我们将逐一介绍这些设计模式的思想与应用。

## 2.4.1　单例设计模式

在 iOS 开发中，单例模式的应用非常广泛。系统原生提供的很多类的设计都采用了单例模式。在软件系统中，有时为了节省内存资源并保证数据内容的一致性，需要要求某些类只能创建一个实例。类只能有一个实例，这就是单例设计模式的核心定义。

单例设计模式有如下特点：

- 单例类只有一个实例对象。
- 单例类的实例对象由自己创建。
- 单例类需要对外提供一个访问其实例对象的接口。

在软件设计中，有关全局共享的资源数据、大型通用的管理类等都可以使用单例模式，例如登录用户的用户信息类、全局的计时器或计数器类、程序的日志管理类等。

下面我们以一个公共钱包的场景作为示例讲解单例模式，首先新建一个 Swift 语言的 playground 文件，在其中编写如下代码：

```swift
class Goods {
    let name:String
    let price:Double
    init(name:String, price:Double) {
        self.name = name
        self.price = price
    }
}
class PublicWallet {
    var balance:Double

    init(balance:Double) {
        self.balance = balance
    }

    func withdrawn(quantity:Double) {
        if balance >= quantity {
            balance -= quantity
            print("从钱包取出现金:\(quantity),余额:\(balance)")
        } else {
            print("余额不足,余额:\(balance)")
        }
    }

    func deposit(quantity:Double) {
        balance += quantity
        print("存入成功,余额:\(balance)")
    }
}
class Customer {
    var name:String
    var wallet:PublicWallet

    init(name:String, wallet:PublicWallet) {
        self.name = name
        self.wallet = wallet
    }

    func buy(goods:Goods) {
```

```
        self.wallet.withdrawn(quantity: goods.price)
    }
}
let jaki = Customer(name: "Jaki", wallet: PublicWallet(balance: 100))
let lucy = Customer(name: "Lucy", wallet: PublicWallet(balance: 100))
jaki.buy(goods: Goods(name: "玩具", price: 30))
lucy.buy(goods: Goods(name: "书籍", price: 90))
```

　　如上代码所示，假设我们生活在一个集体中，我们每个人的消费都由这个集体的公费进行支付。上面定义了 3 个类：Goods 类用来描述商品；PublicWallet 类为公用的钱包类，其中封装了余额属性，并且提供了充值与提现的方法；Customer 类用来模拟购买商品的顾客。从最终代码的运行结果可以看出，首先顾客 Jaki 和 Lucy 都得到了一个公费为 100 元的钱包，Jaki 购买玩具花费了 30 元，此时公费钱包余额为 70 元，但是 Lucy 并不知道 Jaki 已经进行了消费，她想要购买价值 90 元的图书，由于我们设计的 PublicWallet 类并非单例，因此在 Lucy 的公共钱包中依然有 100 元的余额，Lucy 也可以消费成功，这违背了我们程序的最初设计。因此，我们需要找到一种方式使得 PublicWallet 成为真正的公共钱包，所有顾客共享。改写代码如下：

```
class Goods {
    let name:String
    let price:Double
    init(name:String, price:Double) {
        self.name = name
        self.price = price
    }
}
class PublicWallet {
    var balance:Double
    static let shared = PublicWallet(balance: 100)
    private init(balance:Double) {
        self.balance = balance
    }
    func withdrawn(quantity:Double) {
        if balance >= quantity {
            balance -= quantity
            print("从钱包取出现金:\(quantity),余额:\(balance)")
        } else {
            print("余额不足,余额:\(balance)")
        }
    }
    func deposit(quantity:Double) {
        balance += quantity
        print("存入成功,余额:\(balance)")
```

```
    }
}
class Customer {
    var name:String
    var wallet:PublicWallet
    init(name:String, wallet:PublicWallet) {
        self.name = name
        self.wallet = wallet
    }
    func buy(goods:Goods) {
        self.wallet.withdrawn(quantity: goods.price)
    }
}
let jaki = Customer(name: "Jaki", wallet: PublicWallet.shared)
let lucy = Customer(name: "Lucy", wallet: PublicWallet.shared)
jaki.buy(goods: Goods(name: "玩具", price: 30))
lucy.buy(goods: Goods(name: "书籍", price: 90))
lucy.wallet.deposit(quantity: 200)
lucy.buy(goods: Goods(name: "书籍", price: 90))
jaki.buy(goods: Goods(name: "大玩具", price: 100))
```

运行代码，控制台将打印如下信息：

从钱包取出现金:30.0,余额:70.0

余额不足,余额:70.0

存入成功,余额:270.0

从钱包取出现金:90.0,余额:180.0

从钱包取出现金:100.0,余额:80.0

从打印信息可以看出，此时顾客 Jaki 和 Lucy 实际上是共享同一个公共钱包。在 Swift 语言中，使用静态场景是构建单例类最常用的一种方法，但是需要注意，如果一个类要成为单例类，则需要将其对外的构造方法都进行隐藏，即将构造方法声明成 private 类型的，这样可以防止开发者的误操作使得单例类实例化出多个对象。

在实际的项目开发中，类的结构可能非常复杂，组织出来的文件数量也会很庞大，单例设计模式可以从设计上保证类实例的唯一和共享，因此在软件设计时，对于全局共享的数据，要尽量使用单例设计模式来构建。

其实，与单例设计模式的思想类似，有时在软件设计时还会采用多例模式，即一个类只会构造出有限个数的实例，之后对这些实例进行复用来节省空间资源。在 iOS 原生开发框架中，UITableView 列表在构建其 Cell 数据时就采用了这种设计模式，极大地提高了列表的渲染性能，节省了设备的内存空间。

## 2.4.2 原型设计模式

原型设计模式也是创建型设计模式之一，提供了一种大量创建复杂对象的方法。原型设计模式的定义为：以一个已经创建的实例作为原型，通过复制该原型对象来创建出新的对象，在使用对象时，使用者无须关心对象创建的细节。在 iOS 开发中，很多原生类提供了 clone 方法来快速地创建对象，这就是对原型设计模式的一种实现。

以计算机类的设计为例来演示原型设计模式的应用，代码如下：

```swift
import Foundation
struct Resolution {
    var x:Int
    var y:Int
}
struct CPU {
    var frequency:Int
}
class Screen {
    var resolution:Resolution

    init(resolution:Resolution) {
        self.resolution = resolution
    }
}
class Host {
    var ram:Int
    var disk:Int
    var cpu:CPU
    init(ram:Int, disk:Int, cpu:CPU) {
        self.ram = ram
        self.disk = disk
        self.cpu = cpu
    }
}
class Computer {
    var screen:Screen
    var host:Host
    var number:String
    init(screen:Screen, host:Host) {
        self.screen = screen
        self.host = host
        self.number = UUID().uuidString
    }
```

```
    func printInfo() {
        print("电脑编号:\(self.number)")
    }
}
let resolution = Resolution(x: 1200, y: 840)
let screen = Screen(resolution: resolution)
let cpu = CPU(frequency: 2400)
let host = Host(ram: 1024, disk: 1024 * 100, cpu: cpu)
let computer = Computer(screen: screen, host: host)
computer.printInfo()
```

如上代码所示，简单设计的计算机类由屏幕与主机组成，屏幕包含分辨率属性，主机包含内存、硬盘和 CPU 相关属性。在上面的代码中，创建计算机对象做了很多工作，一个计算机对象一旦被创建就会拥有一个唯一的编号。按照上面代码的逻辑，如果需要再创建一个新的配置一样的计算机，则依然需要做大量的配置工作，可以使用原型设计模式来对上面的代码进行改造，修改 Computer 类如下：

```
class Computer {
    var screen:Screen
    var host:Host
    var number:String
    init(screen:Screen, host:Host) {
        self.screen = screen
        self.host = host
        self.number = UUID().uuidString
    }
    func copy() -> Computer{
        return Computer(screen: self.screen, host: self.host)
    }
    func printInfo() {
        print("电脑编号:\(self.number)")
    }
}
```

通过在 Computer 类中增加一个 copy 方法来快速地生成相同配置但编号不同的计算机，使用如下：

```
let resolution = Resolution(x: 1200, y: 840)
let screen = Screen(resolution: resolution)
let cpu = CPU(frequency: 2400)
let host = Host(ram: 1024, disk: 1024 * 100, cpu: cpu)
let computer = Computer(screen: screen, host: host)
computer.printInfo()
```

```
let computer2 = computer.copy()
computer2.printInfo()
```

通过使用原型模式，一旦第一个对象被创建出来，后面的对象创建都将变得非常容易。实际上，在应用中，我们还可以通过工厂模式将第一个对象的创建也封装起来，将对象的创建与使用完全隔离。

在原型设计模式中，作为模板的对象被称为原型，创建出来的对象拥有和模板对象一致的属性和方法，因此在一些编程语言中会通过原型模式来实现类的结构和继承关系，目前非常流行的 JavaScript 语言就是其中的一种。

## 2.4.3 工厂方法设计模式

在原型设计模式一节中，使用原型对象可以快速复制出相同的对象。优化了重复创建大量对象的过程。工厂方法设计模式注重于将对象的创建过程封闭起来，通过定义抽象的工厂接口和商品接口来隐藏负责对象创建的具体类。

在使用工厂方法模式设计的软件系统中，对象的使用者不需要知道具体的类就可以获取到需要使用的对象，系统中增加新的工厂实现类时对之前的代码也不会产生任何影响。图 2-8 所示为工厂方法设计模式中的 UML 类图结构关系。

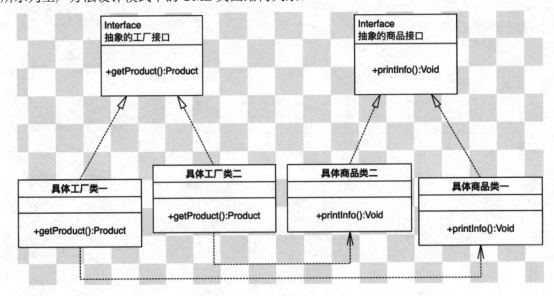

图 2-8 工厂方法设计模式

以上一节编写过的计算机对象设计代码为例，计算机可能会因为配置不同而分为低档、中档和高档 3 类。使用工厂方法模式对计算机对象的创建进行改写，具体如下：

```
import Foundation
enum ComputerLevel {
    case Low
    case Middle
    case High
```

```swift
}
protocol ComputerFactoryProtocol {
    func getComputer(level:ComputerLevel) -> ComputerProtocl
}
protocol ComputerProtocl {
    var screen:Screen {get}
    var host:Host {get}
    var number:String {get}
    func printInfo()
}
struct Resolution {
    var x:Int
    var y:Int
}
struct CPU {
    var frequency:Int
}
class Screen {
    var resolution:Resolution
    init(resolution:Resolution) {
        self.resolution = resolution
    }
}
class Host {
    var ram:Int
    var disk:Int
    var cpu:CPU
    init(ram:Int, disk:Int, cpu:CPU) {
        self.ram = ram
        self.disk = disk
        self.cpu = cpu
    }
}
class Computer: ComputerProtocl {
    var screen:Screen
    var host:Host
    var number:String
    init(screen:Screen, host:Host) {
        self.screen = screen
        self.host = host
        self.number = UUID().uuidString
    }
```

```
    func printInfo() {
        print("电脑编号:\(self.number),内存\(self.host.ram),硬盘
\(self.host.disk),CPU 性能\(self.host.cpu.frequency),分辨率
\(self.screen.resolution.x)*\(self.screen.resolution.y)")
    }
}
class ComputerFactory: ComputerFactoryProtocol {
    func getComputer(level: ComputerLevel) -> ComputerProtocl {
        switch level {
        case .Low:
            return Computer(screen: Screen(resolution: Resolution(x:1200, y:
840)), host: Host(ram: 1024 * 2, disk: 1024*200, cpu: CPU(frequency: 2400)))
        case .Middle:
            return Computer(screen: Screen(resolution: Resolution(x:1600, y:
1240)), host: Host(ram: 1024 * 4, disk: 1024*500, cpu: CPU(frequency: 3600)))
        case .High:
            return Computer(screen: Screen(resolution: Resolution(x:2400, y:
1640)), host: Host(ram: 1024 * 16, disk: 1024*1000, cpu: CPU(frequency: 4800)))
        }
    }
}

let computer1 = ComputerFactory().getComputer(level: .Low)
let computer2 = ComputerFactory().getComputer(level: .High)
computer1.printInfo()
computer2.printInfo()
```

使用工厂方法模式改写后的代码，计算机对象的生成将变得非常容易，使用者只需要明确想要哪一个等级的计算机，工厂类就会自动创建出对应的计算机对象。实际上，如果新增加了一种创建方式完全不同的计算机，我们只需要新建一个遵守 ComputerProtocol 的计算机类，之后在 ComputerFactory 类中统一处理这类计算机对象的创建即可，对计算机对象的使用者来说过程完全是隐藏的。

## 2.4.4 抽象工厂设计模式

抽象工厂设计模式是工厂方法设计模式的一种升级。工厂方法适用于同一个工厂生产一系列相关产品的场景下，其可以隐藏产品生产的具体细节。很多时候，我们需要的产品需要由不同的工厂生产，就如生活中一个大的电器工厂下面可能有多个分厂，这些分厂分别负责不同电器的生产一样。在面向对象的软件设计中，我们也会遇到这样的场景，抽象工厂模式就非常适用于这样的场景。

抽象工厂设计模式的核心是为各种类型的对象提供一组统一的创建接口，使用者无须关心这些对象具体是哪个工厂类创建出来的。我们以生产计算机和电视对象的设计为例，为了简

化代码，这里将计算机类与电视类进行了精简：

```
protocol GoodsProtocol {
    var name:String {get}
    func printInfo()
}
protocol FactoryProtocl {
    func getComputer() -> GoodsProtocol
    func getTV() -> GoodsProtocol
}
class Computer: GoodsProtocol {
    var name: String {
        get {
            return "计算机"
        }
    }
    func printInfo() {
        print("我是一台\(self.name),工作游戏全能手")
    }
}
class TV: GoodsProtocol {
    var name: String {
        get {
            return "电视机"
        }
    }
    func printInfo() {
        print("我是一台\(self.name),海量频道任你选")
    }
}
class ComputerFactory {
    func produce() -> Computer {
        return Computer()
    }
}
class TVFactory {
    func produce() -> TV {
        return TV()
    }
}
class Factory:FactoryProtocl {
    func getComputer() -> GoodsProtocol {
```

```
        return ComputerFactory().produce()
    }

    func getTV() -> GoodsProtocol {
        return TVFactory().produce()
    }
}
let goods1 = Factory().getComputer()
let goods2 = Factory().getTV()
goods1.printInfo()
goods2.printInfo()
```

如上代码所示，goods1 对象实际上是由 ComputerFactory 工厂类构建出来的，goods2 对象实际上是由 TVFactory 工厂类构建出来的，对于对象的使用者来说，无须关心这些细节，抽象的工厂将对象的创建与使用进行了完全的分离。

## 2.4.5 建造者设计模式

建造者设计模式是 5 种创建型设计模式中的最后一种。对于复杂对象的创建，使用建造者模式会使代码聚合性更强，逻辑更加清晰。建造者模式通常与工厂方法模式配合进行使用，工厂方法模式着重于对象的创建，建造者模式着重于创建复杂对象过程中组成对象的每一部分的创建和最终组装。

建造者模式的核心在于将复杂对象拆解成多个简单对象，通过一步步构建简单对象最终组合成复杂对象。建造者模式也是合成复用原则的一种应用，在工厂方法设计模式一节中，计算机对象的构建体现出部分建造者模式的思想，生活中这样的例子还有很多，例如许多饭店都有推出套餐服务。套餐可能包括饮料、主食、甜点等，这每一部分对象都可以独立地进行创建，之后组合成完整的套餐。示例代码如下：

```
enum Drink {
    case Cola
    case Juice
}
enum Staple {
    case Hamburger
    case ChickenRoll
}
enum Dessert {
    case EggTart
    case IceCreanm
}
class FoodPackage {
    var drink:Drink?
```

```
        var staple:Staple?
        var dessert:Dessert?
    }
class BuilderA {
        var foodPackage:FoodPackage
        init(foodPackage:FoodPackage) {
            self.foodPackage = foodPackage
        }
        func addDrink() {
            self.foodPackage.drink = .Cola
        }
        func addStaple() {
            self.foodPackage.staple = .Hamburger
        }
        func addDessert() {
            self.foodPackage.dessert = .EggTart
        }
        func startBuild() -> FoodPackage {
            self.addDrink()
            self.addStaple()
            self.addDessert()
            return self.foodPackage
        }
    }
}
class BuilderB {
        var foodPackage:FoodPackage

        init(foodPackage:FoodPackage) {
            self.foodPackage = foodPackage
        }
        func addDrink() {
            self.foodPackage.drink = .Juice
        }
        func addStaple() {
            self.foodPackage.staple = .ChickenRoll
        }
        func addDessert() {
            self.foodPackage.dessert = .IceCreanm
        }
        func startBuild() -> FoodPackage {
            self.addDrink()
            self.addStaple()
```

```
        self.addDessert()
        return self.foodPackage
    }
}
enum PackageType {
    case A
    case B
}
func FoodPackageFactory(type:PackageType) -> FoodPackage {
    switch type {
    case .A:
        return BuilderA(foodPackage: FoodPackage()).startBuild()
    case .B:
        return BuilderB(foodPackage: FoodPackage()).startBuild()
    }
}
let food1 = FoodPackageFactory(type: .A)
let food2 = FoodPackageFactory(type: .B)
```

如上代码所示，一个完整的套餐对象由饮料对象、主食对象和甜点对象组成，FoodPackageFactory 是一个简化版的工厂方法，其中根据用户选择的套餐类型来创建不同的套餐对象，具体套餐对象的组成则是由 BuilderA 与 BuilderB 类来完成的。BuilderA 与 BuilderB 类是建造者模式中的核心类，充当了建造者的角色。上面的代码依然有很多可以优化的地方，例如我们可以根据依赖倒置原则将建造者类的行为抽象为一个接口，这样当我们新增或修改一种套餐时，对已有代码的结构不会造成影响。

# 2.5 结构型设计模式

结构型设计模式主要用来指导类或对象的组织结构，可分为类结构型和对象结构型。类结构型主要通过继承和接口的方式对类的关系进行布局，对象结构型主要通过组合和聚合来对对象的结构进行布局。

在 23 种经典的设计模式中，结构型设计模式包含代理设计模式、适配器设计模式、桥接设计模式、装饰设计模式、外观设计模式、享元设计模式和组合设计模式。

## 2.5.1 代理设计模式

在 iOS 开发中，代理设计模式非常常用。在 UIKit 框架中，UITableView、UITextView 等组件的渲染和交互都采用了代理设计模式。代理设计模式结构比较简单，也非常容易理解，其核心为在具体的功能类与使用者之间建立一个中介类作为代理，使用者通过代理对象来对真实的功能类进行访问。

　　以病人预约看病的软件系统设计为例。首先整个软件系统中的核心功能类只有两个，即医生类与病人类，病人看病前首先需要预约医生，预约完成后才可进行问诊，之后病人向医生陈述病情，最后医生看病开药。在整个软件系统中，实际上有些行为并非属于医生类也并非属于病人类，如医生的预约、问诊过程的控制等，这时就需要一个代理类，代理医生类处理这些行为，示例代码如下：

```
class SickPerson {
    var doctorProxy:DoctorProxy!
    init() {
        self.doctorProxy = DoctorProxy(sickPersion: self)
    }
    func describeCondition() -> String {
        print("病人描述病情")
        return "症状描述"
    }
}
class DoctorProxy {
    var sickPersion:SickPerson

    init(sickPersion:SickPerson) {
        self.sickPersion = sickPersion
    }
    func seeDoctor() {
        // 预约医生
        let doctor = reservation()
        // 病人描述病情
        let sick = self.sickPersion.describeCondition()
        // 医生问诊
        doctor.treatment(sick: sick)

    }
    func reservation() -> Doctor {
        print("预约医生完成")
        return Doctor()
    }
}
class Doctor {
    func treatment(sick:String) {
        print("根据\(sick)问诊结果进行开药治疗")
    }
}
let sickPerson = SickPerson()
```

```
let doctorPorxy = DoctorProxy(sickPersion: sickPerson)
doctorPorxy.seeDoctor()
```

如上代码所示，病人类并没有直接和医生类进行交互，而是通过中间的代理类。在实际开发中，使用代理设计模式可以使具体的功能类的聚合性更强，并且可以在某些功能的执行前后进行额外的准备工作和善后工作。

## 2.5.2 适配器设计模式

适配器设计模式并不是软件设计中的最佳实践。其主要是为了解决软件开发过程中新旧模块不兼容的问题。适配器设计模式的定义是：将一个类的接口转换成使用者期望的另外的接口，使得原本接口不兼容的类可以一起工作。

一般情况下，好的系统设计不需要使用到适配器模式。在实际应用中，一个项目的开发和迭代过程可能会非常久。时间越长，项目越大，旧的逻辑模块重构的成本就越高。适配器模式提供了一种思路，可以低成本地使新旧模块配合工作。

当数据模型版本升级时，可使用适配器模式来兼容旧的数据模型，代码如下：

```
class User {
    var name:String
    var age:Int
    var region:String

    init(name:String, age:Int, region:String) {
        self.name = name
        self.age = age
        self.region = region
    }
}
class UserV2 {
    var nickName:String
    var age:Int
    var address:String

    init(nickName:String, age:Int, address:String) {
        self.nickName = nickName
        self.age = age
        self.address = address
    }
    func printInfo() {
        print("\(self.nickName),\(self.age),\(self.address)")
    }
}
```

```
class UserAdapter {
    func toUserV2(user:User) -> UserV2 {
        return UserV2(nickName: user.name, age: user.age, address: user.region)
    }
}
let userV1 = User(name: "Jaki", age: 27, region: "上海")
let userV2 = UserAdapter().toUserV2(user: userV1)
userV2.printInfo()
```

在实际开发中，由于数据模型升级造成的代码不兼容问题会经常遇到，当项目过于庞大时，如果贸然修改以往的旧代码，会有很大的工作量，同时也会伴随着很大的风险，使用适配器模式就是一种比较适合的折中选择。

## 2.5.3　桥接设计模式

桥接设计模式是合成复用原则的一种应用，其核心是将抽象与实现分离，用组合关系来代替继承关系，从而给类更多的扩展性，降低类之间的耦合度。

在实际应用中，当某个类具有多种维度的属性时，在组织类的结构时，使用桥接模式十分适合。例如，汽车从功能上可以分为小轿车和公交车等，从颜色上又可以分为黑色汽车和白色汽车等。示例代码如下：

```
enum Color {
    case white
    case black
}
enum TransportType {
    case car
    case bus
}
protocol TransportProtocol {
    var color:Color { get }
    var type:TransportType { get }
    func printInfo()
}
extension TransportProtocol {
    func printInfo() {
        print("\(self.color),\(self.type)")
    }
}
class Transport: TransportProtocol {
    var color:Color
    var type:TransportType
```

```
    init(color:Color, type:TransportType) {
        self.color = color
        self.type = type
    }
}
let car = Transport(color: .white, type: .car)
car.printInfo()
```

上面的代码首先定义了颜色和汽车类型两个枚举，通过组合的方式来构建汽车对象，避免了因继承带来的耦合问题。之后通过定义 TransportProtocol 协议来抽象地描述汽车对象。还有一点需要注意，Swift 语言支持对协议进行扩展，即可以对协议中的方法提供默认的实现，通过 Swift 语言的这一特性，具体的 Transport 类的实现就变得非常简单。

## 2.5.4　装饰设计模式

从字面意思上理解，对某个事物的"装饰"是指在不改变事物本身性质的基础上添加修饰。在软件设计中也是如此，装饰设计模式的定义为在不改变对象结构的情况下，为该对象增加一些功能。在现实生活中，"装饰"随处可见，例如汽车中的挂饰、手机的屏保和外壳、墙上的壁画等。

以为墙壁添加装饰贴纸的逻辑设计为例，代码如下：

```
protocol WallProtocl {
    func printInfo()
}
class Wall: WallProtocl {
    func printInfo() {
        print("墙面")
    }
}
class StickerDecorator: WallProtocl {
    var wall:Wall
    init(wall:Wall) {
        self.wall = wall
    }
    func printInfo() {
        print("贴纸装饰")
        self.wall.printInfo()
    }
}
let wall = Wall()
wall.printInfo()
let stickerWall = StickerDecorator(wall: wall)
stickerWall.printInfo()
```

如上代码所示，WallProtocol 协议定义了抽象的功能接口，Wall 类是实现 WallProtocol 协议的具体功能类，StickerDecorator 类是具体的装饰器类，需要注意，装饰器类也需要完整的实现功能类所实现的接口，这样才不会改变被装饰对象的原始行为。使用装饰模式也可以理解成为对象的行为进行扩展，只是相比较于继承，装饰模式更加灵活、类之间的耦合度也更低。同时，装饰模式可能由于过度设计而增加过多装饰器类，使系统的复杂性变高。

## 2.5.5　外观设计模式

外观设计模式是迪米特原则的一种实践。在现实生活中，开一家餐馆可能需要与多个社会部门进行交互，例如房屋管理部门、食品安全部门、卫生许可部门、营业许可部门、税务部门等。商户同时参与处理多个流程会非常复杂，这时通常可以求助统一的中介帮商户处理，这就是外观模式的一种现实应用。

在软件设计中，当一个系统的功能越来越强时，子模块会越来越多，应用端对系统的访问也会越来越复杂。这时可以通过提供一个外观类来统一处理这些交互，降低应用端使用的复杂性。

我们以客户购买商品流程的设计来演示外观设计模式的应用，代码如下：

```
class User {
    var name:String
    init(name:String) {
        self.name = name
    }
}
class Goods {
    static func getGoods(user:User) {
        print("顾客\(user.name)选择商品")
    }
}
class Cashier {
    static func pay(user:User) {
        print("顾客\(user.name)进行了付款")
    }
}
class Package {
    static func packing(user:User) {
        print("顾客\(user.name)的商品进行了包装")
    }
}
let user = User(name: "jaki")
Goods.getGoods(user: user)
Cashier.pay(user: user)
Package.packing(user: user)
```

如上代码所示，User 类描述顾客，Goods 类描述商品，Cashier 类描述收银台，Package 类描述商品包装机器，顾客完成一个购物流程需要同时与商品类、收银台类和包装机器类进行交互。当每一个模块都变得越来越复杂时，代码的扩展和维护将变得十分困难。对于这样的场景，可以定义一个外观类来统一处理用户的购物逻辑。对于本示例，商店类可以起到外观的作用，顾客只需要与商店一个类进行交互即可。重构代码如下：

```swift
class User {
    var name:String
    init(name:String) {
        self.name = name
    }
}
class Goods {
    static func getGoods(user:User) {
        print("顾客\(user.name)选择商品")
    }
}
class Cashier {
    static func pay(user:User) {
        print("顾客\(user.name)进行了付款")
    }
}
class Package {
    static func packing(user:User) {
        print("顾客\(user.name)的商品进行了包装")
    }
}
class Store {
    static func sellGoods(user:User) {
        Goods.getGoods(user: user)
        Cashier.pay(user: user)
        Package.packing(user: user)
    }
}
let user = User(name: "jaki")
Store.sellGoods(user: user)
```

## 2.5.6  享元设计模式

享元也是结构型设计模型的一种。在软件运行过程中，有时会需要创建大量的重复对象，大多时候这些对象内部都有很大一部分数据是重复的，会极大地消耗系统的资源。享元设计模式就是解决这种问题的。享元模式的定义为：通过运用共享技术实现大量细粒度对象的复用，避免大量重复对象造成系统的资源开销。

　　享元模式并不是任何场景都适用的。为了实现数据的共享，在享元模式中，需要根据共享性将对象中的数据拆分成内部状态与外部状态，之后将内部状态封装成享元对象用于共享。享元模式会增加系统的复杂度，对于不会产生大量重复对象的系统并不适用。

　　下面以黑白棋棋子的设计为例演示享元设计模式的应用：

```
struct Place {
    var x:Int
    var y:Int
}
enum Color {
    case White
    case Black
}
class ChessPiece {
    var place:Place
    var color:Color
    var radius:Double
    init(place:Place, color:Color, radius:Double) {
        self.place = place
        self.color = color
        self.radius = radius
    }
}
```

　　如上代码所示，一颗黑白棋的棋子包含位置、颜色、半径数据信息。其中，除了位置每颗棋子都不同外，颜色和半径对大部分棋子来说都是相同的。这种场景小，place 属性就是 ChessPiece 的外部状态，color 与 radius 属性为内部状态，可使用享元模式重构上面的代码：

```
import Foundation
struct Place {
    var x:Int
    var y:Int
}
enum Color {
    case White
    case Black
}
class ChessPieceFlyweight {
    var color:Color
    var radius:Double
    init(color:Color, radius:Double) {
        self.color = color
```

```
        self.radius = radius
    }
}
class ChessPieceFlyweightFactory {
    static let white = ChessPieceFlyweight(color: .White, radius: 5)
    static let black = ChessPieceFlyweight(color: .Black, radius: 5)

    static func getWhite() -> ChessPieceFlyweight {
        return white
    }
    static func getBlack() -> ChessPieceFlyweight {
        return black
    }
}
class ChessPiece {
    var weight:ChessPieceFlyweight
    var place:Place
    init(place:Place, color:Color) {
        if color == .White {
            self.weight = ChessPieceFlyweightFactory.getWhite()
        } else {
            self.weight = ChessPieceFlyweightFactory.getBlack()
        }
        self.place = place
    }
}
for i in 0 ..< 10 {
    let chessPiece = ChessPiece(place: Place(x: i, y: i), color: i % 2 ==
0 ? .White : .Black)
    print("ChessPiece", Unmanaged.passRetained(chessPiece).toOpaque())
    print("Widget", Unmanaged.passRetained(chessPiece.weight).toOpaque())
}
```

上面的代码使用到了 Unmanaged.passRetained(chessPiece).toOpaque()这样的代码，在 Swift 语言中，这行代码是用来打印对象内存地址的。上面的代码创建了 10 个棋子对象，由于内部使用了享元对象，虽然 10 个棋子对象的地址各不相同，但是其内部的 widget 对象是共享的，因此 10 个棋子一共只创建了黑、白两个 ChessPieceFlyweight 享元对象。随着棋盘上棋子的增多，对系统资源的节省将越来越多。

## 2.5.7 组合设计模式

组合设计模式是我们将要介绍的最后一种结构型的设计模式。其采用树状层级的结构来表示部分与整体的关系，使得无论是整体对象还是单个对象，对其访问都具有一致性。在某些系统中数据是采用树状结构组织的，这时使用组合模式非常适用。

在面向对象的设计思想中，完整的文件系统至少需要两个类来描述：一个类为文件夹类；一个类为文件类。文件系统实际上就是树结构，文件夹内又可以嵌套文件夹。使用组合设计模式来设计这个系统，我们只需要定义一个类，示例如下：

```swift
enum NodeType {
    case Folder
    case File
}
protocol FileNode {
    var type: NodeType { get }
    var name: String { get }
    func addNode(node:FileNode)
    func removeNode(node:FileNode)
    func getAllNode() -> Array<FileNode>
    func show()
}
class File: FileNode {
    var type: NodeType
    var name: String
    var child = Array<FileNode>()
    init(type: NodeType, name:String) {
        self.type = type
        self.name = name
    }
    func addNode(node: FileNode) {
        self.child.append(node)
    }
    func removeNode(node: FileNode) {
        self.child = self.child.filter({ (n) -> Bool in
            if n.name == node.name && n.type == node.type {
                return false
            }
            return true
        })
    }
    func getAllNode() -> Array<FileNode> {
        return self.child
    }
    func show() {
        for node in child {
```

```
        print(node.name)
        if node.type == .Folder {
            node.show()
        }
    }
}
let node1 = File(type: .Folder, name: "文件夹")
node1.addNode(node: File(type: .File, name: "文件 1"))
node1.addNode(node: File(type: .File, name: "文件 2"))
node1.addNode(node: File(type: .File, name: "文件 3"))
let node2 = File(type: .Folder, name: "子文件夹 1")
node1.addNode(node: node2)
node2.addNode(node: File(type: .File, name: " 子文件 1-1"))
node2.addNode(node: File(type: .File, name: " 子文件 1-2"))
let node3 = File(type: .Folder, name: "子文件夹 2")
node1.addNode(node: node3)
node3.addNode(node: File(type: .File, name: " 子文件 2-1"))
node3.addNode(node: File(type: .File, name: " 子文件 2-2"))
node1.show()
```

运行上面的代码，控制台将打印如下信息：

文件 1
文件 2
文件 3
子文件夹 1
 子文件 1-1
 子文件 1-2
子文件夹 2
 子文件 2-1
 子文件 2-2

　　通过定义统一的 FileNode 接口，使得使用方无论关心当前操作的节点是文件夹还是文件，都有统一的访问方式，并且屏蔽了树结构的数据中层级的概念，这是组合设计模式的最大优势。当然，这样也造成了对象职责的不明确。例如，对于文件类型的节点，其中的添加文件、删除文件、获取所有内部文件等方法都是无意义的，在实际应用中需要针对文件类型的节点让这些方法抛出异常。

# 2.6　行为型设计模式

行为型设计模式主要用于软件运行时复杂的流程控制。在经典的 23 种设计模式中，行为型设计模式占了 11 种，包括模板方法设计模式、策略设计模式、命令设计模式、职责链设计模式、状态设计模式、观察者设计模式、中介者设计模式、迭代器设计模式、访问者设计模式、备忘录设计模式和解释器设计模式。

## 2.6.1　模板方法设计模式

在进行软件的设计时，很多时候系统的运行流程都是确定的。在整个流程中，可能只有部分环节具体的实现是有差别的，这时我们就可以采取模板方法设计模式。模板方法设计模式的定义为：定义一个操作流程中的算法骨架，将部分算法环节的实现延迟到子类中，使子类可以在不改变算法骨架的前提下对特定步骤进行定制。

以职员的每日工作流程程序为例，代码如下：

```
class Management {
    func clockIn() {
        print("上班打卡")
    }
    func working() {
        print("开始工作")
    }
    func clockOut() {
        print("下班打卡")
    }
    func start() {
        clockIn()
        working()
        clockOut()
    }
}
let management = Management()
management.start()
```

如上代码所示，Management 类就是模板设计方法的具体实现类，其中定义了上班打卡、开始工作和下班打卡的方法。其中，start 方法用来启动流程，因为无论是任何岗位的职员，这个流程都是不变的。对于不同岗位来说，不同的是具体的工作内容，即 working 方法的实现。例如，我们要添加一个工程师岗位的工作流程，代码如下：

```
class Management {
    func clockIn() {
        print("上班打卡")
```

```
    }
    func working() {
        print("开始工作")
    }
    func clockOut() {
        print("下班打卡")
    }
    func start() {
        clockIn()
        working()
        clockOut()
    }
}
class Engineer: Management {
    override func working() {
        print("开始进行软件设计")
    }
}
let engineer = Engineer()
engineer.start()
```

使用模板方法设计模式，代码的复用性更强，但是因为子类修改了父类方法的实现，有悖里式替换原则，因此在选择使用时需要根据具体场景进行分析。

## 2.6.2 策略设计模式

策略模式也是软件设计中常用的一种设计模式。在模板方法设计模式一节，我们知道可以将算法的骨架定义下来，之后灵活地对某些环节的实现进行替换。策略模式的核心则是定义一系列算法，将每个算法独立封装，使用者可以灵活地进行选择替换。

例如，在现实生活中，我们要到一个地方的方式有很多种，可以坐出租车、坐公交车、坐地铁，也可以骑自行车等。我们需要根据路程的远近和交通情况灵活地进行选择，这就是一种策略模式。

以乘坐交通工具行为的设计为例，代码如下：

```
protocol Transport {
    func toDestination()
}
class Car:Transport {
    func toDestination() {
        print("乘坐小车到目的地")
    }
}
class Bus:Transport {
```

```
    func toDestination() {
        print("乘坐公交车到目的地")
    }
}
class Subway:Transport {
    func toDestination() {
        print("乘坐地铁到目的地")
    }
}
class Action {
    var destination:String
    var transport:Transport
    init(des:String, transport:Transport) {
        self.destination = des
        self.transport = transport
    }
    func go() {
        self.transport.toDestination()
    }
}
let action = Action(des: "上南路", transport: Bus())
action.go()
```

如上代码所示，Action 类描述用户行为，其可以通过传入一个 Transport 对象来决定用户具体使用的交通工具方式。通过策略模式，不同的 Action 对象调用 go 方法时很容易根据场景实现不同的行为。

## 2.6.3　命令设计模式

在软件设计中，经常会发生各种请求行为。以教学系统为例，我们添加一位教师、添加一名学生以及创建一个班级都是一种请求。请求的发起方与请求的执行方常常是耦合在一起的，这样的设计不利于软件的扩展维护，同时也无法对请求记录进行跟踪，对于需要撤销操作的场景实现非常麻烦。命令设计模式就是为了解决这些问题。

命令设计模式的核心是将请求封装为对象，使得请求的发起与执行分开。发起方与执行方通过命令进行交互。

下面的代码演示了教务系统中如何使用命令的模式来进行教师管理：

```
class Teacher {
    var name:String
    var subject:String
    init(name:String, subject:String) {
        self.name = name
```

```
            self.subject = subject
        }
        func printInfo() {
            print("\(self.name),\(self.subject)")
        }
    }
class School {
    var teachers = Array<Teacher>()
    func addTeacher(name:String, subject:String) {
        let teacher = Teacher(name: name, subject: subject)
        teachers.append(teacher)
    }
    func deleteTeacher(name:String) {
        var index:Int? = nil
        for i in 0 ..< teachers.count {
            if teachers[i].name == name {
                index = i
            }
        }
        if let index = index {
            teachers.remove(at: index)
        }
    }
    func showTeachers() {
        for t in teachers {
            t.printInfo()
        }
    }
}
let school = School()
school.addTeacher(name: "Jaki", subject: "Swift")
school.addTeacher(name: "Lucy", subject: "Java")
school.showTeachers()
school.deleteTeacher(name: "Jaki")
school.showTeachers()
```

　　如上代码所示，School 中除了提供了展示所有教师信息的方法外，也提供了添加教师与删除教师的方法。通过这种方式对教师的操作难以进行维护，在命令设计模式中，添加教师和删除教师的逻辑都可以封装成一种命令，重构如下：

```
class Teacher {
    var name:String
```

```
        var subject:String
        init(name:String, subject:String) {
            self.name = name
            self.subject = subject
        }
        func printInfo() {
            print("\(self.name),\(self.subject)")
        }
    }
    class Command {
        enum `Type` {
            case add
            case delete
        }
        var name:String
        var subject:String?
        var type:Type
        init(name:String, type:Type, subject:String?) {
            self.name = name
            self.type = type
            self.subject = subject
        }
    }
    class School {
        var teachers = Array<Teacher>()
        func runCommand(command:Command) {
            if command.type == .add {
                self.addTeacher(name: command.name, subject: command.subject!)
            }
            if command.type == .delete {
                self.deleteTeacher(name: command.name)
            }
        }
        func addTeacher(name:String, subject:String) {
            let teacher = Teacher(name: name, subject: subject)
            teachers.append(teacher)
        }
        func deleteTeacher(name:String) {
            var index:Int? = nil
            for i in 0 ..< teachers.count {
                if teachers[i].name == name {
                    index = i
```

```
        }
    }
    if let index = index {
        teachers.remove(at: index)
    }
}
func showTeachers() {
    for t in teachers {
        t.printInfo()
    }
}
}
let school = School()
let command = Command(name: "Jaki", type: .add, subject: "Swift")
let command2 = Command(name: "Lucy", type: .add, subject: "Java")
school.runCommand(command: command)
school.runCommand(command: command2)
school.showTeachers()
let command3 = Command(name: "Jaki", type: .delete, subject: nil)
school.runCommand(command: command3)
school.showTeachers()
```

使用命令模式重构后的代码扩展性更强，且命令可以作为对象直接被存储、传输、重复和撤销，在某些场景下会非常有用。

## 2.6.4 责任链设计模式

在软件设计中，对于一个请求可能有多个处理流程。例如，一般岗位的员工请假，可能直属的部门领导审批后就可以了；某些特殊岗位的员工请假，可能需要更高层的审批才行。这其实就是一条责任链，一个请求被发出，从低层向高层依次寻找可以处理此请求的对象，直到找到处理者才结束责任链。

如下代码使用责任链的方式进行请求的处理：

```
class Request {
    enum Level {
        case Low
        case Middle
        case High
    }
    var level:Level
    init(level:Level) {
        self.level = level
    }
```

```
}
protocol Handler {
    var nextHandler:Handler? { get }
    func handlerRquest(request:Request)
}
class Chain:Handler {
    var nextHandler: Handler? = LowHandler()
    func handlerRquest(request: Request) {
        nextHandler!.handlerRquest(request: request)
    }
}
class LowHandler:Handler {
    var nextHandler: Handler? = MiddleHandler()
    func handlerRquest(request:Request) {
        if request.level == .Low {
            print("LowHandler 处理了请求")
        } else {
            if let next = nextHandler {
                next.handlerRquest(request: request)
            } else {
                print("无法处理的请求")
            }
        }
    }
}
class MiddleHandler:Handler {
    var nextHandler: Handler? = HighHandler()
    func handlerRquest(request:Request) {
        if request.level == .Middle {
            print("MiddleHandler 处理了请求")
        } else {
            if let next = nextHandler {
                next.handlerRquest(request: request)
            } else {
                print("无法处理的请求")
            }
        }
    }
}
class HighHandler:Handler {
    var nextHandler: Handler?
    func handlerRquest(request:Request) {
```

```
            if request.level == .High {
                print("HighHandler 处理了请求")
            } else {
                if let next = nextHandler {
                    next.handlerRquest(request: request)
                } else {
                    print("无法处理的请求")
                }
            }
        }
}
var request = Request(level: .Low)
Chain().handlerRquest(request: request)
request = Request(level: .Middle)
Chain().handlerRquest(request: request)
request = Request(level: .High)
Chain().handlerRquest(request: request)
```

如上代码所示，我们简单地将请求分为了低、中、高 3 等，每个等级的请求对应了能够处理此请求的类。责任链设计模式的核心是将请求发送到责任链上，链上的每一个处理者可以根据实际情况决定是否处理此请求，如果不能处理，则将请求继续向上发送，直到被某个处理者处理或者没有下一个处理者为止。这样的结构可以灵活地向责任链中增加或删除处理者，对于不同种类的请求，发出方只需要将其发送到责任链上，不需要关心具体被哪一个处理者处理，降低了对象间的耦合性，并且使责任的分担更加清晰。

## 2.6.5　状态设计模式

在软件设计中，对象在不同的情况下会表现出不同的行为，被称为有状态的对象。影响对象行为的属性被称为状态。对有状态的对象进行编程时，使用状态设计模式可以使代码的内聚性更强。状态设计模式的核心是：当控制一个对象行为的状态转换过于复杂时，把状态处理的逻辑分离出到单独的状态类中。

下面以开关按钮来演示状态设计模式的应用：

```
class SwitchButton {
    let context = StateContext(currentState: OpenState())
    func change() {
        self.context.change()
    }
}
class StateContext {
    var currentState:State
    init(currentState:State) {
```

```
        self.currentState = currentState
    }
    func change() {
        self.currentState.stateChange(context: self)
    }
}
protocol State {
    func info()
    func stateChange(context:StateContext)
}
struct OpenState: State {
    func info() {
        print("开启")
    }
    func stateChange(context:StateContext) {
        context.currentState = CloseState()
    }
}
struct CloseState: State {
    func info() {
        print("关闭")
    }

    func stateChange(context:StateContext) {
        context.currentState = OpenState()
    }
}
let button = SwitchButton()
button.context.currentState.info()
button.change()
button.context.currentState.info()
```

如上代码所示，其中 StateContext 类定义了状态的上下文，用来维护当前开发按钮的状态。

## 2.6.6　观察者设计模式

观察者设计模式又被称为发布-订阅模式。在观察者模式中，一个对象发生变化会通知到所有依赖它的对象，依赖它的对象可以根据情况进行自身行为的更改。在现实生活中，很多场景都会应用到观察者模式，例如根据天气情况对航班进行安排、邮件系统将指定邮件投递给对其订阅的用户等。

在软件设计中，当一个对象的改变会影响到多个对象时，使用观察者模式非常合适。在iOS 开发中，通知中心和键值监听系统的实现都使用了观察者模式。

下面我们通过实现一个简易的通知中心来演示观察者设计模式的应用，代码如下：

```swift
class Notification {
    var name:String
    var data:String
    var object:AnyObject?
    init(name:String, data:String) {
        self.name = name
        self.data = data
    }
    func info() -> String{
        return "\(self.name),\(self.data),\(String(describing: self.object))"
    }
}
class NotificationCenter {
    static let shared = NotificationCenter()
    private init() {
    }
    var observers = Dictionary<String, Array<AnyObject>>()
    var callbacks = Dictionary<String, Array<(_
notification:Notification)->Void>>()
    func addObserver(object:AnyObject, callback:@escaping (_
notification:Notification)->Void, name:String) {
        if var array = observers[name] {
            array.append(object)
        } else {
            var array = Array<AnyObject>()
            array.append(object)
            observers[name] = array
        }
        if var array = callbacks[name] {
            array.append(callback)
        } else {
            var array = Array<(_ notification:Notification)->Void>()
            array.append(callback)
            callbacks[name] = array
        }
    }
    func removeObserver(name:String) {
        self.observers.removeValue(forKey: name)
        self.callbacks.removeValue(forKey: name)
    }
```

```
    func postNotification(notification:Notification) {
        if let obs = observers[notification.name], let callback =
callbacks[notification.name] {
            for i in 0 ..< obs.count {
                notification.object = obs[i]
                callback[i](notification)
            }
        }
    }
}
let notificatioName = "Switch"
let notification = Notification(name: notificatioName, data: "触发按钮")
NotificationCenter.shared.addObserver(object: "监听者对象" as AnyObject,
callback: { (notification) in
    print(notification.info())
}, name: notificatioName)
NotificationCenter.shared.postNotification(notification: notification)
NotificationCenter.shared.removeObserver(name: notificatioName)
NotificationCenter.shared.postNotification(notification: notification)
```

如上代码所示，Notificaiton 类为通知对象类，其中属性 name 为通知的名称、data 为通知所携带的数据、object 为接收当前通知的对象。object 属性在发送通知时无须使用方设置，在通知发送后会自动设置为接收者。NotificationCenter 类为核心的通知中心类，采用了单例的设计模式，提供了添加监听、移除监听和发送通知的方法。通过控制台打印的信息可以看出，当添加了监听后，一旦通知被发出，回调方法就会立刻执行，对于同一个名称的通知，可以添加多个观察者。

## 2.6.7　中介者设计模式

我们在前面介绍迪米特原则的时候其实就演示过中介者设计模式的应用。在软件设计中，对象之间往往存在着复杂的交互关系，随着软件规模的扩大，对象间的交互逻辑很容易变成网状，这就变成了迪米特原则中描述的最糟糕的软件结构。

中介者模式的核心是将网状的对象交互结构改为星形结构，即所有对象都与一个中介者进行交互。使用中介者设计模式可以使原本耦合性很强的对象间的耦合变得松散，提高系统的灵活性和扩展性。

下面的代码演示了客户端与服务端的网状交互逻辑：

```
class ClientOne {
    func requestServerOne() {
        ServerOne().handleClientOne()
    }
    func requestServerTwo() {
```

```
        ServerTwo().handleClientOne()
    }
}
class ClientTwo {
    func requestServerOne() {
        ServerOne().handleClientTwo()
    }
    func requestServerTwo() {
        ServerTwo().handleClientTwo()
    }
}
class ServerOne {
    func handleClientOne() {
        print("服务 1 处理了客户端 1 的请求")
    }
    func handleClientTwo() {
        print("服务 1 处理了客户端 2 的请求")
    }
}
class ServerTwo {
    func handleClientOne() {
        print("服务 2 处理了客户端 1 的请求")
    }
    func handleClientTwo() {
        print("服务 2 处理了客户端 2 的请求")
    }
}
let client1 = ClientOne()
let client2 = ClientTwo()
client1.requestServerOne()
client1.requestServerTwo()
client2.requestServerOne()
client2.requestServerTwo()
```

如上代码所示，两个客户端可以分别与服务端进行交互。有时客户端也可以点对点地与另外的客户端进行交互，这样会使系统的结构更加复杂，可以通过添加中介者来统一处理客户端与服务端的交互逻辑，重构上面的代码如下：

```
class ClientOne {
}
class ClientTwo {
}
```

```swift
class ServerOne {
    func handleClientOne() {
        print("服务 1 处理了客户端 1 的请求")
    }
    func handleClientTwo() {
        print("服务 1 处理了客户端 2 的请求")
    }
}
class ServerTwo {
    func handleClientOne() {
        print("服务 2 处理了客户端 1 的请求")
    }
    func handleClientTwo() {
        print("服务 2 处理了客户端 2 的请求")
    }
}
class Mediator {
    static func handler(client:AnyObject, server:AnyObject) {
        if client is ClientOne {
            if server is ServerOne {
                ServerOne().handleClientOne()
            } else {
                ServerTwo().handleClientOne()
            }
        } else {
            if server is ServerOne {
                ServerOne().handleClientTwo()
            } else {
                ServerTwo().handleClientTwo()
            }
        }
    }
}
let client1 = ClientOne()
let client2 = ClientTwo()
let server1 = ServerOne()
let server2 = ServerTwo()
Mediator.handler(client: client1, server: server1)
Mediator.handler(client: client1, server: server2)
Mediator.handler(client: client2, server: server1)
Mediator.handler(client: client2, server: server2)
```

如上所示，重构后客户端相关类中无须知道服务端具体的实现细节，中介者类统一封装了这些逻辑。

## 2.6.8 迭代器设计模式

在软件设计中，很多对象都是以聚合的方式组成的，或者其内部包含集合类型的数据。在访问对象时，通常需要通过遍历的方式获取到其中的各个元素。这样，如果对象内部组合的方式产生了变化就必须对源代码进行修改。

迭代器设计模式的核心为提供一个对象来访问聚合对象中的一系列数据，不暴露聚合对象内部的具体实现，这样既保证了类的安全性，也将类内部的集合遍历逻辑与聚合对象本身进行了分离。

示例代码如下：

```
class School: Iterator {
    typealias ObjectType = String
    var cursor: Int = 0
    func next() -> String? {
        if teachers.count > self.cursor {
            let teacher = teachers[self.cursor]
            self.cursor += 1
            return teacher
        } else {
            return nil
        }
    }
    func reset() {
        self.cursor = 0
    }
    private var teachers = Array<String>()
    func addTeacher(name:String) {
        teachers.append(name)
    }
}
protocol Iterator {
    associatedtype ObjectType
    var cursor:Int { get }
    func next() -> ObjectType?
    func reset()
}
let school = School()
school.addTeacher(name: "Jaki")
school.addTeacher(name: "Lucy")
```

```
school.addTeacher(name: "Mery")
while let t = school.next() {
    print(t)
}
print("遍历完成")
```

如上代码所示，在对 School 中的教师进行遍历时，使用者根本就不知道 School 对象中隐含着一个 teachers 数组，使用迭代器模式很好地对类内部的实现进行了封闭，外界除了通过类中暴露的函数来操作 teachers 数组，并不能直接操作。其实，Swift 标准库中也提供了一个迭代器协议，叫作 IteratorProtocol，其结构和上面的示例代码类似，平时我们在编写 Swift 代码时，也可以直接使用这个协议。

## 2.6.9　访问者设计模式

当数据的类型固定，但对其访问的操作相对灵活时，可以采用访问者模式来对软件系统进行设计。访问者设计模式的核心是将数据的处理方法从数据结构中分离出来，之后可以方便地对数据的处理方法进行扩展。

在现实生活中，访问者模式也经常得到应用。例如，作为一种数据，不同的角色对其访问会有不同的行为表现；作为游客的角色，需要对门票进行购买；作为验票员的角色，需要对门票进行检票。模拟这种场景的示例代码如下：

```
protocol Visitor {
    func visit(ticket:Ticket)
}
class Ticket {
    var name:String
    init(name:String) {
        self.name = name
    }
}
class Tourist: Visitor {
    func visit(ticket: Ticket) {
        print("游客购买了\(ticket.name)")
    }
}
class Guard: Visitor {
    func visit(ticket: Ticket) {
        print("检票员检查了\(ticket.name)")
    }
}
let ticket = Ticket(name: "公园门票")
let tourist = Tourist()
```

```
let gua = Guard()
tourist.visit(ticket: ticket)
gua.visit(ticket: ticket)
```

如上代码所示，不同角色对门票对象的操作分别封装在了独立的类中，这使之后新增行为变得非常容易，例如财务人员对门票和价格进行核对等。

## 2.6.10  备忘录设计模式

备忘录设计模式的定义为在不破坏封装性的前提下，对一个对象的状态进行保存，在需要时，可以方便地恢复到原先保存的状态，备忘录模式又被称为快照模式。从功能上讲，备忘录模式与命令模式有很多相似之处，都是提供了一种恢复状态的机制；不同的是命令模式是将操作封装为命令，命令可以进行回滚，备忘录模式则是存储对象某一时刻的状态，可以将状态进行重置。

例如，很多应用都提供了用户自定义偏好设置的功能。偏好设置的保存与重置可以采用备忘录模式实现，示例代码如下：

```
protocol MementoProtocol {
    func allKeys() -> Array<String>
    func valueForKey(key:String) -> Any
    func setValue(value:Any, key:String)
}
class MementoManager {
    var dictionary = Dictionary<String, Dictionary<String, Any>>()
    func saveState(obj:MementoProtocol, key:String) {
        var dic = Dictionary<String, Any>()
        for k in obj.allKeys() {
            dic[k] = obj.valueForKey(key: k)
        }
        dictionary[key] = dic
    }
    func resetState(obj:MementoProtocol, key:String) {
        let dic = dictionary[key]
        if let dic = dic {
            for k in dic {
                obj.setValue(value: k.value, key: k.key)
            }
        }
    }
}
class Setting: MementoProtocol {
    var setting1 = false
    var setting2 = true
```

```
        var setting3 = true
        func allKeys() -> Array<String> {
            return ["setting1", "setting2", "setting3"]
        }
        func setValue(value: Any, key: String) {
            switch key {
                case "setting1":
                    self.setting1 = value as! Bool
                case "setting2":
                    self.setting2 = value as! Bool
                case "setting3":
                    self.setting3 = value as! Bool
                default:
                    print("\(key)设置错误")
            }
        }
        func valueForKey(key: String) -> Any {
            switch key {
            case "setting1":
                return self.setting1
            case "setting2":
                return self.setting2
            case "setting3":
                return self.setting3
            default:
                return ""
            }
        }

    func show() {
        print("setting1:\(self.setting1) setting2:\(self.setting2)
setting3:\(self.setting3)")
    }
    }
    var setting = Setting()
    let manager = MementoManager()
    setting.show() // setting1:false setting2:true setting3:true
    manager.saveState(obj: setting, key: "state1")
    setting.setting1 = true
    setting.show() // setting1:true setting2:true setting3:true
    manager.saveState(obj: setting, key: "state2")
    setting.setting3 = false
```

```
setting.show() // setting1:true setting2:true setting3:false
manager.resetState(obj: setting, key: "state1")
setting.show() // setting1:false setting2:true setting3:true
manager.resetState(obj: setting, key: "state2")
setting.show() // setting1:true setting2:true setting3:true
```

MementoManager 类是一个快照管理类，可以将任何符合 MementoProtocol 协议的对象进行快照保存。一个对象可以保存多个快照，在需要时可以方便地恢复到某个快照。大部分游戏都有存档机制，可以按照备忘录设计模式的思路实现。

## 2.6.11 解释器设计模式

解释器设计模式是经典的 23 种设计模式中的最后一种。在日常开发中，解释器模式的应用较少，但是十分重要，其核心为定义一种简洁的语言，通过实现一个解析器来对语言进行解析，从而实现逻辑。正则表达式的实现就是一种解释器模式的应用，还有在 iOS 开发中用于自动布局的 VFL（Visual Format Language）的实现也是解释器模式的应用。

在应用开发中，页面的路由跳转可以采用解释器的模式进行设计，示例代码如下：

```
import Foundation
class Interpreter {
    static func handler(string:String) {
        let proto = string.components(separatedBy: "://")
        if let pro = proto.first {
            print("路由协议为\(pro)")
            if proto.count > 1 {
                let path = proto.last!.split(separator: "?", maxSplits: 2,
omittingEmptySubsequences: true)
                if let pa = path.first {
                    print("路由路径为\(pa)")
                    if path.count > 1 {
                        print("参数列表为\(path.last!)")
                    }
                }
            }
        }
    }
}
let string = "http://www.xxx.com?key=value"
Interpreter.handler(string: string)
```

# 2.7　回顾、思考与练习

本章是本书中占据较大篇幅的一章，这是由于设计模式对于编程技术的提高非常重要。熟悉 23 种经典的设计模式，除了在面试中可以为自己加分很多外，在日常开发中也可以帮助自己从本质上提高代码的质量，是从初学者通往架构师的必经之路。本章详细介绍了 23 种设计模式，并介绍了最基本的编程原则，并且这些知识的核心是编程思想，是跨越应用的领域区分与编程语言的语法差异的。无论你使用什么语言、开发什么应用，本章的知识都能给你一些启发和帮助。

下面列出本章所介绍内容的核心大纲。

## 1. 7 种基本设计原则

● 开闭原则：软件设计的终极目标，对扩展开放，对修改关闭。
● 里式替换原则：子类可以扩展父类的方法，但是不要修改父类原有方法的行为。
● 依赖倒置原则：面向协议编程，尽量依赖抽象。
● 单一职责原则：降低类的复杂度，一个类只负责一项职责。
● 接口隔离原则：精简接口，一个接口只负责一项职责。
● 迪米特原则：简化类之间的交互，使用中介者统一处理。
● 合成复用原则：使用组合或聚合代替继承。

## 2. 23 种经典设计模式

（1）创建型设计模式

● 单例模式：全局共享数据的最佳实践。
● 原型模式：快速复制对象的便捷途径。
● 工厂方法模式：将对象的创建与使用进行隔离。
● 抽象工厂模式：提供一组接口创建不同类别的产品的实现方法。
● 建造者模式：拆分复杂对象为多个简单对象进行创建。

（2）结构型设计模式

● 代理模式：使用中介处理对象间的交互。
● 适配器模式：新旧接口不兼容时的安全处理方案。
● 桥接模式：使用组合代替继承，将抽象与实现分离。
● 装饰模式：不改变原始行为的前提下对类的功能进行扩展。
● 外观模式：使用统一的外观接口处理类之间一对多的交互逻辑。
● 享元模式：创建大量重复对象的优化方案。
● 组合模式：部分与整体提供统一的功能接口。

（3）行为型设计模式

● 模板方法模式：定义算法骨架的前提下允许对关键环节的算法实现做修改。

- 策略模式：定义一系列方便切换的算法实现。
- 命令模式：将操作封装为命令对象。
- 责任链模式：通过责任链对请求进行处理，隐藏处理请求的对象细节。
- 状态模式：将变化的属性封装为状态对象进行统一管理。
- 观察者设计模式：通过监听的方式处理对象间的交互逻辑。
- 中介者模式：通过定义中介者来将网状结构的逻辑改为星型结构。
- 迭代器模式：提供一种访问对象内部集合数据的接口。
- 访问者模式：将数据的操作与数据本身分离。
- 备忘录设计模式：通过快照的方式存储对象的状态。
- 解释器设计模式：通过编写解释器对自定义的简单语言进行解析，从而实现逻辑。

### 2.7.1 回顾

在本章的开头我们提出了几个问题，现在回顾一下对这些问题的答案是否更加清晰了。试着将本章得到的收获整理成笔记，之后面试前都可以通过这些笔记快速回忆起设计模式的相关知识。

### 2.7.2 思考与练习

1. 寻找一些之前编写的代码片段，根据 7 种基本的设计原则找一找这些代码的不足之处，试着选择合适的设计模式对其进行重构练习。

2. 如果你已经比较熟悉 iOS 开发和 Objective-C 语言的语法，试着使用 Objective-C 语言对本章介绍的 23 种设计模式进行实现。

3. 将 23 种设计模式的名称列成表，试着填写每一种设计模式的核心定义、使用场景和实现方式。

# 第3章

# 核心数据类型你不知道的真相

　　本章将要介绍的内容是你在 iOS 开发中时时刻刻都在使用的几种基础的数据类型，但是对于其内部的本质，你却可能从来没有关注过。本章不介绍这些数据类型的用法，相信一个初级的 iOS 工程师都可以对这些数据类型的使用游刃有余，本章的核心是为你深入剖析这些看似平常的结构中更深层次的实现原理与设计思路，主要将涉及设计思路、内存布局、内部运行机制等。由于 Objective-C 语言与 Swift 语言在很多数据类型实现上都不相同，因此本章也会同时涉及 Objective-C 与 Swift 两种语言的相关知识。

　　在日常的产品需求开发中，我们可能并不需要过多地对数据类型内部的实现机制做了解。但是对这些内容的深入研究，可以帮助我们更加深刻地对语言的设计思想、程序内部的运行机制进行理解，也可以帮助我们解决疑难 BUG、优化程序性能。

　　在面试中，很多面试官会通过略微底层的问题考查应聘者的学习能力与钻研精神，掌握本章所介绍的内容，可以帮助你在面试时面对相对底层的问题时更加自信。

## 面试前的冥想

　　(1) 你了解 iOS 在运行时的内存分布情况吗?

　　(2) 堆和栈这两种数据结构分别在内存分布中担任着怎样的职责?

　　(3) NSString、NSNumber 等类簇相关的内容你之前是否关注过?

　　(4) 引用计数技术会管理所有的对象数据吗?

　　(5) 在 Swift 语言核心库中，String、Array 等数据类型的实现都是采用的结构体，结构体和类有何本质区别?

## 3.1　多变的 NSString 类

NSString 类是 Objective-C 语言 Foundation 库中核心的数据类型，在 iOS 应用开发中也是使用最为广泛的一个类。NSString 用来创建字符串对象，NSMutableString 用来创建可变的字符串对象。实际上，在 Foundation 框架中，NSString 是采用类簇的模式实现的，即我们在学习设计模式时提到的抽象工厂设计模式，NSString 类与 NSMutableString 类是公共的抽象父类。本节我们就深入 NSString 的核心，对 Foundation 框架的巧妙设计思想进行学习与理解。

### 3.1.1　从 NSString 对象的引用计数说起

引用计数是 Objective-C 语言中进行内存管理的一种方式，当一个对象被强引用时，其引用计数会增加，当一个引用解除时，引用计数会减少。当对象的引用计数被减少到 0 时，此对象所使用的内存空间会被回收。随着 ARC（Automatic Reference Counting，自动引用计数）技术的应用，开发者很少再关心对象的内存管理问题，但是 ARC 技术不是万能的，关于对象的内存管理还有很多细节需要开发者了解，这些我们会专门在后面的章节进行介绍。本节我们以 NSString 对象的内存占用情况为引子，为大家展示 NSString 对象的特殊行为。

首先，使用 Xcode 开发工具创建一个新的 iOS 模板工程，在模板生成的 ViewController.m 文件中编写如下代码：

```
#import "ViewController.h"
@interface ViewController ()
@property (strong) NSString *string1;
@property (weak) NSString *string2;
@property (weak) NSString *string3;
@property (weak) NSString *string4;
@property (weak) NSString *string5;
@property (weak) NSString *string6;
@end
@implementation ViewController
- (void)viewDidLoad {
   [super viewDidLoad];
   NSString *string1 = @"string1";
   NSString *string2 = @"string2";
   NSString *string3 = [[NSString alloc] initWithString:@"string3"];
   NSString *string4 = [[NSString alloc] initWithFormat:@"string4"];
   __weak NSString *string5 = [[NSString alloc]
initWithFormat:@"string5string5"];
   __weak NSString *string6 = [NSString
stringWithFormat:@"string6string6string6"];
   self.string1 = string1;
   self.string2 = string2;
   self.string3 = string3;
   self.string4 = string4;
   self.string5 = string5;
   self.string6 = string6;
```

```
    NSLog(@"%@, %@", string1, string1.class);
    NSLog(@"%@, %@", string2, string2.class);
    NSLog(@"%@, %@", string3, string3.class);
    NSLog(@"%@, %@", string4, string4.class);
    NSLog(@"%@, %@", string5, string5.class);
    NSLog(@"%@, %@", string6, string6.class);
}
- (void)touchesBegan:(NSSet<UITouch *> *)touches withEvent:(UIEvent *)event
{
    NSLog(@"%@, %@", self.string1, self.string1.class);
    NSLog(@"%@, %@", self.string2, self.string2.class);
    NSLog(@"%@, %@", self.string3, self.string3.class);
    NSLog(@"%@, %@", self.string4, self.string4.class);
    NSLog(@"%@, %@", self.string5, self.string5.class);
    NSLog(@"%@, %@", self.string6, self.string6.class);
}
@end
```

运行代码，不做任何操作，控制台打印效果如下：

```
string1, __NSCFConstantString
string2, __NSCFConstantString
string3, __NSCFConstantString
string4, NSTaggedPointerString
(null), (null)
string6string6string6, __NSCFString
```

通过打印信息可以看出，使用不同方式创建的字符串其真实类型并不是 NSString，而是 __NSCFConstantString、NSTaggedPointerString 和 __NSCFString 类。在 Objective-C 语言中，字符串实际上分为 3 类：__NSCFConstantString 指静态字符串；NSTaggedPointerString 指标签地址字符串；__NSCFString 是对象字符串。关于这 3 种字符串的特点，后面我们会一一分析。点击运行起来后的应用页面，控制台会重新打印出一组信息，具体如下：

```
string1, __NSCFConstantString
string2, __NSCFConstantString
string3, __NSCFConstantString
string4, NSTaggedPointerString
(null), (null)
(null), (null)
```

通过与前面的打印信息进行比较可以发现一些有趣的事情，其中除了属性 string5 引用的对象被释放外，其他都没有被释放。

首先， string1 属性使用 strong 关键字进行修饰，对它进行赋值的对象会被强引用，根据引用计数的原理，其引用的对象不会被释放。

string2 属性虽然采用了弱引用的方式对对象进行引用，但是其赋值的字符串为 __NSCFConstantString 常量类型，常量类型不会受引用计数的影响，因此其不会被释放。

string3 属性引用对象没有释放的原因与 string2 属性相同，使用 NSString 类的 initWithString 进行字符串对象的创建时，当传入的参数为字符串常量时，其构造出来的也是字符串常量。

string4 属性引用的字符串也没有被释放，那是因为其所构造出来的字符串为 NSTaggedPointerString 类型。这是一种特殊的指针类型，其指针本身就存储着数据信息，也不会受引用计数的影响。

string5 属性所引用的字符串为正常的字符串对象类型，根据引用计数的规则，弱引用不会增加引用计数，对象被释放。

在上面的打印信息中，string6 属性的行为最为奇怪，在 viewDidLoad 方法中其对象没有被释放，但是后续用户交互的方法中，这个属性引用的对象却被释放了，这是由于使用类方法创建的字符串对象会受自动释放池的影响。

相信现在你已经感受到了，NSString 类并没有我们想象的那么简单，后面我们会逐一解释其中缘由。

## 3.1.2　iOS 程序的内存分布

在 iOS 程序的运行中，内存根据作用会分为 5 个大的区域，分别为代码区、常量区、全局静态区、堆区和栈区。

（1）代码区用来存放程序的二进制代码，是只读属性，防止程序在运行时代码被修改。

（2）常量区用来存放常量数据，当整个应用程序结束后，其资源会由系统进行释放。在上一小节提到过，通过字面量创建的字符串就是常量，其会被存放到常量区中。例如：

```
NSLog(@"%p", @"Hello");
```

运行结果如下：

```
0x10524e080
```

可以看出，常量区在内存中的位置较低。

（3）全局静态区用来存放全局的静态数据，包括两个区域：存放未初始化的全局静态数据的区域被称为 BSS 区，存放已经初始化的全局静态数据的区域被称为数据区。例如：

```
static int data = 1;
static int bss;
static int data2 = 1;
static int bss2;
NSLog(@"data:%p, bss:%p", &data, &bss);
NSLog(@"data2:%p, bss2:%p", &data2, &bss2);
```

运行代码，打印效果如下：

```
data:0x10481adb8, bss:0x10481ae80
data2:0x10481adbc, bss2:0x10481ae84
```

可以看到，我们对变量的声明顺序是 data、bss、data2、bss2。从内存地址的分布可以看到存放 data 和 data2 的内存地址是连续的（int 类型在 64 位设备上大小为 4 个字节），bss 和 bss2 所在的内存地址是连续的，它们虽然都在全局静态区，但是对于已初始化和未初始化的数据是分开存放的。从打印的地址信息可以看出，全局静态区的地址要比常量区的地址高。

（4）堆区是日常开发中开发者需要最多关注的一个区域，其内存的使用需要开发者手动申请，内存的释放也需要开发者自己进行管理。堆区的地址并不连续，并且会向高地址进行扩展。在 Objective-C 语言中，引用计数管理的就是这部分的内存。

（5）栈区由系统进行分配，通常用来存放函数参数、局部变量等数据。在实际开发中，指针变量本身存放在栈中，指向的对象数据会存放在堆中，例如：

```
NSObject *object = [[NSObject alloc] init];
NSObject *object2 = [[NSObject alloc] init];
NSLog(@"%p, %p", object, &object);
NSLog(@"%p, %p", object2, &object2);
```

运行代码，打印效果如下：

```
0x600001c87670, 0x7ffee0b67908
0x600001c87660, 0x7ffee0b67900
```

理解了 iOS 程序运行中的内存分布情况和各个内存区域的功能，后面我们就能更加容易地理解内存管理的机制和数据的访问原理了。

## 3.1.3　NSString 类簇

本节我们就具体看一下 NSString 类簇中的 3 个类：__NSCFConstantString、NSTaggedPointerString 和 __NSCFString。

前面有提到，__NSCFConstantString 实际上是字符串常量类型。所谓常量，即其不能被修改，一旦创建，在应用程序整个运行过程中就不会被回收。在 Objective-C 中，__NSCFConstantString 常量字符串有一个特点，即相同的字符串不会重复消耗内存，例如：

```
#import "ViewController.h"
@interface ViewController ()
@end
@implementation ViewController
- (void)viewDidLoad {
    [super viewDidLoad];
    NSString *string1 = @"Hello";
    NSString *string2 = @"Hello";
    NSLog(@"%p, %p", string1, string2);
}
-(void)touchesBegan:(NSSet<UITouch *> *)touches withEvent:(UIEvent *)event {
    NSLog(@"%p", @"Hello");
}
```

```
@end
```

运行代码，打印效果如下：

```
0x107eff068, 0x107eff068
0x107eff068
```

从打印的地址信息可以看出，所有相同的字面量字符串的内存地址都是一样的，因此无论程序中我们使用了多少个相同的字符串常量，都不会消耗额外的内存空间。

NSTaggedPointerString 是更加特殊的一种类型，表示标签指针。一般情况下，指针存储的内容是一个地址，需要根据地址指向的内存空间来获取真正的数据，但是在 64 位架构的系统上，这种数据存储方式有时会非常浪费空间。很多时候我们要存储的数据本身就很少，64 位的指针空间就可以容纳下来。在 Objective-C 中，NSNumber 和 NSString 这类对象就采用了标签指针这种优化方式，当我们使用 stringWithFormat 这类方法创建字符串对象时，如果字符串长度较短，系统就会默认将其创建为 NSTaggedPointerString 类型的字符串，这样在读取时通过指针本身就可以解读出内容，节省内存空间的同时也大大地加快了数据的访问速度，示例代码如下：

```
#import "ViewController.h"
@interface ViewController ()
{
    void *p;
}
@end
@implementation ViewController
- (void)viewDidLoad {
    [super viewDidLoad];
    NSString * string3 = [NSString stringWithFormat:@"Hello"];
    p = (__bridge void *)(string3);
    NSLog(@"%@, %p", string3.class, string3);
}
-(void)touchesBegan:(NSSet<UITouch *> *)touches withEvent:(UIEvent *)event {
    NSLog(@"%p, %@", p, p);
}
@end
```

运行代码，打印信息如下：

```
NSTaggedPointerString, 0xc8f25fbe582161b3
0xc8f25fbe582161b3, Hello
```

从打印信息可以看出，在 touchesBegan 方法中通过直接访问地址的方式依然可以获取到"Hello"字符串数据，这是 NSTaggedPointerString 非常有趣的地方，由于其内容本身就存放在指针中，因此只要指针数据是正确的，就可以访问到真实的数据。

__NSCFString 是传统意义上的字符串变量，当我们创建的字符串不是常量且长度较长时，其就会自动以 __NSCFString 类型进行存储，此时字符串对象是受引用计数所影响的，当引用计数为 0 时，内存会被回收掉。示例代码如下：

```
#import "ViewController.h"
@interface ViewController ()
{
    void *p;
}
@end
@implementation ViewController
- (void)viewDidLoad {
    [super viewDidLoad];
    NSString * string5 = [NSString stringWithFormat:@"HelloHelloHello"];
    p = (__bridge void *)(string5);
    NSLog(@"%@, %p", string5.class, string5);
    NSLog(@"%p, %@", p, p);
}
-(void)touchesBegan:(NSSet<UITouch *> *)touches withEvent:(UIEvent *)event {
    NSLog(@"%p, %@", p, p);
}
@end
```

运行代码，你可能会发现一个神奇的现象，程序启动没有问题，无论是直接访问 string5 变量还是通过 p 指针访问字符串数据都可以正常访问，但是当点击屏幕时，系统有时会崩溃，有时又可以正常运行，这就是开发中经常遇到的野指针异常。当出了 viewDidLoad 方法后，局部变量 string5 对字符串对象的引用消失，对象所占内存被回收，此时指向这个地址的指针将变成野指针，访问野指针指向的内存是非常不安全的，此时此块空间可能已经存储了别的数据。

## 3.1.4　NSString 复制相关的方法

在 iOS 开发的相关职位面试中，经常会考查关于 copy 方法的问题，其中深复制与浅复制的区别常常会使应聘者困惑。对于 NSString 类型的数据，复制操作更加复杂。本节我们就来一探 NSString 复制操作的真相。

首先，深复制与浅复制的定义并不复杂。浅复制通常是指对指针进行赋值，即创建一个新的指针变量，让其指向被浅复制的对象。在 Objective-C 中，浅复制真正的意义就是增加了对象的引用计数，当真正的对象所在内存被回收时，所有浅复制出的指针都需要置为空。深复制则是指真正的数据内容复制，其会开辟新的内存空间，复制出的对象与原对象是完全不同的两个对象，不会影响原对象的引用计数。

在 Objective-C 中，与复制相关的方法有 copy 方法与 mutableCopy 方法，从字面意思上理解，copy 为普通复制方法，mutableCopy 为可变复制方法，但是其调用的对象不同，行为又会有一些差异。

对于 NSString 对象，无论创建出的对象真实的类是什么，使用 copy 方法都将进行浅复制操作，即不会开辟新的空间存储新的对象，而是将新的指针指向原对象。如果使用 mutableCopy 方法则会进行深复制，会创建出 NSMutableString（实际上是__NSCFString）对象，示例代码如下：

```objective-c
#import "ViewController.h"
@interface ViewController ()
@end
@implementation ViewController
- (void)viewDidLoad {
  [super viewDidLoad];

  NSString *string1 = @"Hello";
  NSString *string2 = [NSString stringWithFormat:@"Hello"];
  NSString *string3 = [NSString stringWithFormat:@"HelloWorld"];

  NSLog(@"%@, %@, %@", string1.class, string2.class, string3.class);
  NSLog(@"%p, %p, %p", string1, string2, string3);

  NSString *string11 = [string1 copy];
  NSString *string22 = [string2 copy];
  NSString *string33 = [string3 copy];

  NSLog(@"%@, %@, %@", string11.class, string22.class, string33.class);
  NSLog(@"%p, %p, %p", string11, string22, string33);

  NSMutableString *string111 = [string1 mutableCopy];
  NSMutableString *string222 = [string2 mutableCopy];
  NSMutableString *string333 = [string3 mutableCopy];

  NSLog(@"%@, %@, %@", string111.class, string222.class, string333.class);
  NSLog(@"%p, %p, %p", string111, string222, string333);

  [string111 appendString:@"Hi"];
  NSLog(@"%@", string111);
}
@end
```

运行上面的代码，打印效果如下：

```
__NSCFConstantString, NSTaggedPointerString, __NSCFString
0x10f416068, 0x80d0026d2df230be, 0x6000022b2200
__NSCFConstantString, NSTaggedPointerString, __NSCFString
```

```
0x10f416068, 0x80d0026d2df230be, 0x6000022b2200
__NSCFString, __NSCFString, __NSCFString
0x600002cad2f0, 0x600002cad650, 0x600002cad170
HelloHi
```

从打印信息可以看到，对 NSString 对象调用 copy 方法后，其类型和地址都没有任何变化，调用 mutableCopy 方法后，从对象地址可以看出全部创建了新的对象，新创建出的对象一律为 __NSCFString 类型。

对于 NSMutableString 类型的对象，无论调用 copy 方法还是 mutableCopy 方法，其都会进行深考虑，不同的是，调用 copy 方法会重新创建出一个不可变 NSString 对象，使用 mutableCopy 会重新创建出一个可变的 NSMutableString 对象，示例代码如下：

```
NSMutableString *mString1 = [NSMutableString stringWithString:@"HelloWorld"];
NSLog(@"%@, %@, %p", mString1, mString1.class, mString1);
NSString *mString11 = [mString1 copy];
NSLog(@"%@, %@, %p", mString11, mString11.class, mString11);
NSMutableString *mString111 = [mString1 mutableCopy];
NSLog(@"%@, %@, %p", mString111, mString111.class, mString111);
[mString111 appendString:@"Hi"];
NSLog(@"%@, %@", mString1, mString111);
```

控制台的打印信息如下：

```
HelloWorld, __NSCFString, 0x6000014bdbc0
HelloWorld, __NSCFString, 0x600001a84e40
HelloWorld, __NSCFString, 0x60000148cab0
HelloWorld, HelloWorldHi
```

下面我们来做一个简单的总结：

（1）对于 NSString 对象，copy 方法进行浅复制，mutableCopy 方法进行深复制并创建出 NSMutableString 对象。

（2）对于 NSMutableString 对象，copy 方法和 mutableCopy 方法都进行深复制，copy 方法创建出不可变的 NSString 对象，mutableCopy 方法创建出可变的 NSMutableString 对象。

在面试时，只要把握住上面两条原则，关于字符串的复制问题就不会难倒你。

## 3.2　深入理解 NSArray 类

通过上一小节的学习，我们知道 NSString 的实现采用了类簇的方式，其实 NSArray 也是这样，通过类簇的方式在不同的场景下生成不同类型的数组实例，这种实现极大地优化了内存的存储和使用效率。本节我们就一起来探索 NSArray 内部平时容易忽略的深入内容。

## 3.2.1　NSArray 相关类簇

首先使用 Xcode 创建一个新的工程，编写如下测试代码：

```
NSArray *array0 = [NSArray alloc];
NSArray *array00 = [NSArray alloc];
NSArray *array1 = @[];
NSArray *array2 = [[NSArray alloc] init];
NSArray *array3 = [NSArray arrayWithObject:@"1"];
NSArray *array4 = @[@"1"];
NSArray *array5 = [[NSArray alloc] initWithObjects:@"1", @"2", nil];
NSArray *array6 = @[@"1", @"2", @"3"];
NSLog(@"array0:%@, %p", array0.class, array0);
NSLog(@"array00:%@, %p", array00.class, array00);
NSLog(@"array1:%@, %p", array1.class, array1);
NSLog(@"array2:%@, %p", array2.class, array2);
NSLog(@"array3:%@, %p", array3.class, array3);
NSLog(@"array4:%@, %p", array4.class, array4);
NSLog(@"array5:%@, %p", array5.class, array5);
NSLog(@"array6:%@, %p", array6.class, array6);
```

运行代码，控制台的打印效果如下：

```
array0:__NSPlaceholderArray, 0x10060a5e0
array00:__NSPlaceholderArray, 0x10060a5e0
array1:__NSArray0, 0x100701250
2array2:__NSArray0, 0x100701250
array3:__NSSingleObjectArrayI, 0x1006208a0
array4:__NSSingleObjectArrayI, 0x1006206b0
array5:__NSArrayI, 0x1006029d0
array6:__NSArrayI, 0x10061ecc0
```

从打印信息可以看到，当使用 alloc 创建对象时，实际上生成的是一个占位对象，其类型为 __NSPlaceholderArray（其实，NSString 使用 alloc 方法也会先生成一个 __NSPlaceholderString 占位对象），这个占位对象是一个单例，当对数组真正地进行初始化时才会创建具体的类簇对象。

无论是使用字面量的方式还是初始化方法的方式，创建出的 NSArray 对象的类型都是 __NSArray0，其表示空数组，从打印出的内存地址可以发现所有 __NSArray0 实例的地址都一样，这里应用了我们第 2 章中所学习的单例设计模式，无论我们在程序中创建多少个空的不可变数组，都不会增加内存的消耗。

当不可变数组中只有一个元素时，这时创建的数组对象的类型为 __NSSingleObjectArrayI，从名字也可以看出，这是一个单元素的数组。由于其单元素的特性，Objective-C 对其实现时，无须考虑数组的列表特性，从而实现优化。

当创建的数组对象中元素个数多于 1 个时，会创建__NSArrayl 对象，__NSArrayl 就是传统意义上的数组对象类型。需要注意的是，如果使用 NSMutableArray 创建实例，则会创建出__NSArrayM 类型的对象，代码如下：

```
NSMutableArray *mArray1 = [[NSMutableArray alloc] init];
NSLog(@"mArray1:%@, %p", mArray1.class, mArray1);
```

打印效果如下：

```
mArray1:__NSArrayM, 0x100557ca0
```

## 3.2.2　NSArray 数组的内存分布

在理解 NSArray 数组的内存分布之前，我们先来回忆一下在 C 语言中数组的内存分布性质。

我们知道，在 C 语言中，数组实际上是一块连续的内存。C 语言的数组一旦创建完成，其内部元素类型和个数就已经确定。例如：

```
int int_array[] = {1,2,3,4,5,6,7,8,9,10};
```

在取值时，一种方式是使用数组下标来获取对应元素，例如：

```
int_array[3]
```

另一种方式是通过元素的地址来获取元素具体的值。C 语言中的数组地址实际上就是首个元素的地址，可以通过数学运算的方式来获取数组中各个元素的地址，例如：

```
*(int_array + 3)
*(int_array + 5)
```

根据 C 语言数组的原理进行推测，NSArray 可能也是按照这种思路实现的，实际上对于不可变的 NSArray 对象，其内存布局与 C 语言数组基本类似，只是其中存储了更多数组对象本身的信息。例如编写如下测试代码：

```
NSArray *array = @[];
for (int i = 0; i < 10; i++) {
    array = [array arrayByAddingObject:(__bridge id)((void *)(1))];
}
```

需要注意，上面的示例代码中使用了一些小技巧，通常情况下 NSArray 中只能存放对象，即只能存放指针变量。上面我们使用__bridge 桥接的模式将 int 数据存入到数组中，方便调试与观察。

可以在 for 循环代码的最后添加一个断点，之后运行代码。我们使用 lldb 调试器进行数组对象内存分布的观察，在 Xcode 调试区输入如下命令：

```
x/128xb array
```

上面的命令用来查看内存中的数据，其中 128 表示打印出 128 个字节的数据。执行命令，打印效果如下所示：

```
0x103163990: 0xa9 0x22 0xea 0x8c 0xff 0xff 0x1d 0x01
0x103163998: 0x0a 0x00 0x00 0x00 0x00 0x00 0x00 0x00
0x1031639a0: 0x01 0x00 0x00 0x00 0x00 0x00 0x00 0x00
0x1031639a8: 0x01 0x00 0x00 0x00 0x00 0x00 0x00 0x00
0x1031639b0: 0x01 0x00 0x00 0x00 0x00 0x00 0x00 0x00
0x1031639b8: 0x01 0x00 0x00 0x00 0x00 0x00 0x00 0x00
0x1031639c0: 0x01 0x00 0x00 0x00 0x00 0x00 0x00 0x00
0x1031639c8: 0x01 0x00 0x00 0x00 0x00 0x00 0x00 0x00
0x1031639d0: 0x01 0x00 0x00 0x00 0x00 0x00 0x00 0x00
0x1031639d8: 0x01 0x00 0x00 0x00 0x00 0x00 0x00 0x00
0x1031639e0: 0x01 0x00 0x00 0x00 0x00 0x00 0x00 0x00
0x1031639e8: 0x01 0x00 0x00 0x00 0x00 0x00 0x00 0x00
```

在如上打印信息中，0x10316399 就是 NSArray 对象的地址，其后的 8 个字节，即 0x103163998 所存储的数据实际上是数组中元素的个数，当前数组中有 10 个元素。其后连续的内存中存储的便是真正的元素数据，可以看到，其中存储的数据都是数值 1。

需要注意，对于不可变的数组，并非都是以如上所述的方式进行内存布局，上面的内存布局适用于__NSArrayI 类型的对象，对于单元素的数组__NSSingleObjectArrayI 对象，则不进行数组元素个数信息的存储，第 2 个 8 字节的内存直接存储着数组中唯一的对象数据。

相对不可变的 NSArray，可变的 NSMutableArray 内存分布复杂得多。由于 NSMutableArray 要经常进行增删，其是采用了效率更高的环形缓冲区结构来布局内存。

## 3.3　NSDictionary 的相关内容

NSDictionary 是 iOS 开发中使用非常频繁的一种数据类型。其通过键值对的方式进行数据的存储，使用 NSDictionary 对元素进行增删改查都非常容易，在较高级 iOS 开发职位的面试中，关于 NSDictionary 也有非常多的深入内容可以探究。

### 3.3.1　NSDictionary 类簇

与 NSString 和 NSArray 类型相似，NSDictionary 类型也是通过类簇的方式实现的，根据使用场景的差异，Objective-C 语言对这些数据类型都做了语言层面的优化。首先，使用 Xcode 开发工具创建一个新的工程，在其中编写如下测试代码：

```
NSDictionary *dic = [NSDictionary alloc];
NSDictionary *dic0 = @{};
NSDictionary *dic1 = @{@"1":@"1", @"2" : @"2"};
NSDictionary *dic2 = [[NSDictionary alloc] initWithObjectsAndKeys:@"1", @"1",
nil];
```

```
NSMutableDictionary *mdic = [[NSMutableDictionary alloc] init];
NSLog(@"dic:%@, %p", dic.class, dic);
NSLog(@"dic0:%@, %p", dic0.class, dic0);
NSLog(@"dic1:%@, %p", dic1.class, dic1);
NSLog(@"dic2:%@, %p", dic2.class, dic2);
NSLog(@"mdic:%@, %p", mdic.class, mdic);
```

运行上面的测试代码，控制台打印效果如下：

```
dic:__NSPlaceholderDictionary, 0x100701a90
dic0:__NSDictionary0, 0x100701100
dic1:__NSDictionaryI, 0x1007bdea0
dic2:__NSSingleEntryDictionaryI, 0x1007bd720
mdic:__NSDictionaryM, 0x1007be1a0
```

从打印信息可以看出，在 NSDictionary 的类簇中，比较常见的类型有 __NSPlaceholderDictionary、__NSDictionary0、__NSDictionaryI、__NSSingleEntryDictionaryI 和 __NSDictionaryM。

其中，__NSPlaceholderDictionary 类是单例类，其实例对象用来进行未初始化字典的占位。__NSDictionary0 类也是单例类，当一个字典为不可变的空字典时，就会实例化出这个类的对象。__NSSingleEntryDictionaryI 是单元素的字典类，由于字典中只有一个元素，因此在数据结构的设计和内存布局时都可以进行优化。__NSDictionaryI 是常规的不可变字典类，__NSDictionaryM 是可变字典类。

## 3.3.2　了解哈希表

我们知道，NSDictionary 类型是通过键值对的方式进行数据储存的，在深入理解 NSDictionary 的原理前，首先需要对哈希表这种数据结构有简单的认识。

哈希表又称为散列表，其是存储大量数据的一种方式，哈希表有着非常高的查找效率，理想状态下，其时间复杂度为 $O(1)$。哈希表是通过关键码值而直接进行数据访问的数据结构，即通过 key 值快速地查找 value 值。其核心是通过关键码（key）的哈希变换，将其映射到表中的一个位置来进行数据的访问，这个映射的过程通常叫作映射函数或散列函数，用来存放数据的集合叫作哈希表或散列表。

例如，以教师对象的存储为例，每一个教师对象都有一个编号，我们可以取教师编号的最后两位作为表中的地址进行数据的存储，那么此哈希函数可以简单编写如下：

```
int hash(NSString* number) {
    return [[number substringFromIndex:number.length - 2] intValue];
}
```

这样我们就可以将任意一个教师对象映射到 0~99 之间的一个位置进行存放，可以通过代码来尝试实现此哈希表结构，首先定义教师对象如下：

```
@interface Teacher : NSObject
```

```
@property (nonatomic, copy) NSString *name;
@property (nonatomic, copy) NSString *number;
@end
@implementation Teacher
- (NSString *)description {
    return [NSString stringWithFormat:@"number:%@ name:%@", self.number,
self.name];
}
@end
```

定义一个简易的哈希表类:

```
@interface HashTable : NSObject
@end
@implementation HashTable
{
    void* _table[100];
}
- (void)setV:(id)v forK:(NSString *)k {
    _table[hash(k)] = (__bridge void *)(v);
}
- (id)getV:(NSString *)k {
    return (__bridge id)(*(_table + hash(k)));
}
@end
```

如上代码所示，在 HashTable 对象的 nebula 实际上创建了一个指针数组，数组的容量为 100 个元素，之所以定义为 100 个元素的容量，是与具体的哈希函数相关的，由于我们选择的哈希函数会将教师的变换映射为 0~99 之间的数值，因此实际上只有 100 个位置可以进行数据的存储。

可以在 main 函数中测试上面哈希表的功能，代码如下所示:

```
int main(int argc, const char * argv[]) {
    @autoreleasepool {
        HashTable *table = [[HashTable alloc] init];
        Teacher *t1 = [[Teacher alloc] init];
        t1.name = @"珲少";
        t1.number = @"001";
        Teacher *t2 = [[Teacher alloc] init];
        t2.name = @"Lucy";
        t2.number = @"002";
        [table setV:t1 forK:t1.number];
        [table setV:t2 forK:t2.number];
```

```
        NSLog(@"%@", [table getV:@"001"]);
        NSLog(@"%@", [table getV:@"002"]);
    }
    return 0;
}
```

运行代码，从控制台的打印信息可以看出，我们编写的简易哈希表已经可以正常使用。哈希表这种数据结构在查找数据时，直接根据关键码转换成地址位置，查找效率非常高，但是其也会引入许多复杂的问题，我们在下一小节中具体讨论。

### 3.3.3　处理哈希碰撞

通过上一小节的学习，我们实现了一个简易的哈希表，还以教师存储为例，假设教师数量不会超过 100 个，但是按照上一小节的实现，这个哈希表依然存在很严重的问题，即会产生碰撞，例如：

```
HashTable *table = [[HashTable alloc] init];
Teacher *t1 = [[Teacher alloc] init];
t1.name = @"珲少";
t1.number = @"011";
Teacher *t2 = [[Teacher alloc] init];
t2.name = @"Lucy";
t2.number = @"211";
[table setV:t1 forK:t1.number];
[table setV:t2 forK:t2.number];
NSLog(@"%@", [table getV:@"011"]);
NSLog(@"%@", [table getV:@"311"]);
```

运行上面的代码，程序会产生很严重的问题。首先，我们向哈希表中存储了两个编号不同的教师，结果后存入的教师对象将先存入的教师对象覆盖了。其次，当我们使用教师编码获取教师对象时，一个错误的教师编码也获取到了教师对象。造成这两个问题的原因在于我们所设定的哈希函数的局限性，此哈希函数截取了字符串最后两位进行映射，很容易产生哈希碰撞。

哈希碰撞是指使用不同的关键码计算出相同的哈希位置，即哈希表实际上是将无限的定义域映射到了有限的值域中，因此从原理上一定会出现哈希碰撞，产生碰撞的元素通常被称为溢出元素。

处理哈希碰撞通常有两种思路：一种是将溢出的元素存储到当前散列表中未存放元素的位置；一种是将溢出的元素存储到散列外面的线性表中。

将溢出的元素存储到当前散列中空闲的位置上常用的方法有线性探针法、二次探测法、再散列法。线性探针法是指当出现碰撞时，从映射到的位置开始依次向后查找空位置，如果需要也会重置到首位进行查找，使用这种方式进行碰撞处理会使表中大量的连续位置被占用，并且可能会引发更多的碰撞。二次探测法与线性探针类似，只是在查找空闲位置时是从离初始位置远的地方开始，修正了线性探针法造成的初始聚集问题。再散列法是指除了使用一个哈希函数计算散列表中位置外，如果发生碰撞，会使用第二个哈希函数计算偏移步长，即计算出需要移动的长度将数据存入散列表。这 3 种处理碰撞的方法都没有开辟新的存储空间，但是会使位置的计算过程变得复杂，降低效率。

将溢出的元素存入散列表以外的地方通常使用拉链法，即将同一个散列地址的数据都存入一个链表中（或者将溢出的数据存入关联到当前散列位置的链表中）。通常情况下，只要哈希函数的设计合适、散列范围的定义合适，尽量保证散列的均匀，碰撞的概率并不会很大，这时使用拉链法效率处理碰撞效率很高。

我们尝试使用拉链法处理之前编写的哈希表，完整代码如下：

```
#import <Foundation/Foundation.h>
int hash(NSString* number) {
    return [[number substringFromIndex:number.length - 2] intValue];
}


@interface Teacher : NSObject
@property (nonatomic, copy) NSString *name;
@property (nonatomic, copy) NSString *number;

@end
@implementation Teacher
- (NSString *)description {
    return [NSString stringWithFormat:@"number:%@ name:%@", self.number,
self.name];
}
- (BOOL)isEqual:(Teacher *)object {
    return [self.number isEqualToString:object.number];
}
@end

@interface ListNode : NSObject
@property (nonatomic, strong) Teacher *value;
@property (nonatomic, strong) ListNode *nextNode;
@end
@implementation ListNode
@end
@interface HashTable : NSObject
@end
@implementation HashTable
{
    void* _table[100];
```

```objc
}
- (void)setV:(Teacher *)v forK:(NSString *)k {
    ListNode *firstNode = (__bridge id)(*(_table + hash(k)));
    if (firstNode == nil) {
        firstNode = [[ListNode alloc] init];
        firstNode.value = v;
        _table[hash(k)] = (__bridge_retained void *)(firstNode);
    } else {
        while (firstNode != nil) {
            if ([firstNode.value isEqual:v]) {
                firstNode.value = v;
                return;
            }
            firstNode = firstNode.nextNode;
        }
        ListNode *node = [[ListNode alloc] init];
        node.value = v;
        firstNode = (__bridge id)(*(_table + hash(k)));
        firstNode.nextNode = node;
    }
}
- (Teacher *)getV:(NSString *)k {
    ListNode *firstNode = (__bridge id)(*(_table + hash(k)));
    while (firstNode != nil) {
        if ([firstNode.value.number isEqualToString:k]) {
            return firstNode.value;
        }
        firstNode = firstNode.nextNode;
    }
    return nil;
}
@end

int main(int argc, const char * argv[]) {
    @autoreleasepool {
        // insert code here...
        HashTable *table = [[HashTable alloc] init];
        Teacher *t1 = [[Teacher alloc] init];
        t1.name = @"珲少";
        t1.number = @"011";
        Teacher *t2 = [[Teacher alloc] init];
        t2.name = @"Lucy";
```

```
        t2.number = @"211";
        [table setV:t1 forK:t1.number];
        [table setV:t2 forK:t2.number];
        NSLog(@"%@", [table getV:@"011"]);
        NSLog(@"%@", [table getV:@"211"]);
        NSLog(@"%@", [table getV:@"311"]);
    }
    return 0;
}
```

运行代码，通过打印信息可以看到，我们编写的哈希表已经可以高效地处理碰撞问题了。上面的代码只是从原理上为大家演示了哈希表的工作方式，其实在实际应用中 NSDictionary 的实现要更加复杂一些。万变不离其宗，理解了哈希表，后面理解 NSDictionary 就会游刃有余。

### 3.3.4　NSDictionary 的实现原理

NSDictionary 是 Objective-C 中用来进行键值存储的一种数据结构。其内部实际上是使用 NSMapTable 这种数据类型实现的。NSMapTable 其实就是一种哈希表。NSMapTabel 对哈希碰撞的处理采用了关联链表的方式，因此最理想的状态下，使用其进行数据的查询时间复杂度为 $O(1)$，最坏的情况下（所有元素都产生的哈希碰撞）时间复杂度为 $O(n)$。

在日常开发中使用 NSDictionary 时，通常使用字符串作为数据的键，其实并非只有字符串可以作为 NSDictionary 的键。某一种数据类型如果想要作为键，就需要满足下面两个条件：

（1）遵守 NSCopying 协议，支持复制操作。在 NSDictionary 内部，键会被复制一份，而值会采用引用计数的方式进行强引用。

（2）遵守 NSObject 协议，并实现其中的如下两个方法：

```
- (BOOL)isEqual:(id)object;
@property (readonly) NSUInteger hash;
```

其中，实现 isEqual 方法用来对产生碰撞的键进行比较操作；hash 是一个只读属性，为其实现 get 方法用来定义哈希函数。

还有一点需要注意，在 Objective-C 中，NSArray 通常也被称作有序的列表，NSSet 被称为无序的集合，实际上 NSSet 的实现也是采用的哈希表的方式。

## 3.4　Swift 语言中的字符串、数组与字典类型

Swift 语言在设计思想上与 Objective-C 语言有着很大的差异。在 Swift 语言中，枚举、结构体等数据类型十分强大，并且在其核心库里相关数据类型的实现中大量使用了协议与扩展的方式，从设计上讲 Swift 语言有着更加现代化的特性，编程更加面向协议，安全性与扩展性都

更高，开发者更容易编写出符合设计模式的代码。

在 Swift 语言中，字符串、数组与字典都是采用结构体类型实现的，这也表明了它们都是值类型，与 Objective-C 中的字符串、数组和字典有着本质的区别。在 Objective-C 中，这些数据类型都是引用类型，即都是类。

## 3.4.1　值类型与引用类型

在深入了解 Swift 语言的核心数据类型前，首先需要理解值类型与引用类型的区别。在 Swift 中，枚举与结构体都属于值类型，类属于引用类型，如字符串、数组、元组、字典等 Swift 中的高级数据类型都是采用结构体实现的，因此其也属于值类型。

我们在前面的学习中提到，程序在执行过程中，内存分布有两个重要的区域，一个是栈区，一个是堆区。对于值类型，其直接存储在栈区；对于引用类型，指针数据存放在栈区，对象数据存放在堆区。

值类型与引用类型的本质区别在于其传递时的复制现象。对于值类型，其在变量赋值、函数传参中总是被深复制，即复制一份新的数据出来。对于引用类型，其在变量赋值、函数传参时会被浅复制，即创建一个新的引用指针。由于值类型与引用类型的这一区别，在对变量进行修改时，它们会有很大的行为差别，例如：

```swift
struct TeacherStruct {
    var name:String
    var subject:String
}
class TeacherClass {
    var name:String
    var subject:String

    init(name:String, subject:String) {
        self.name = name
        self.subject = subject
    }
}
var t1 = TeacherStruct(name: "Jaki", subject: "Swift")
var t2 = t1
t2.name = "Lucy"
print("t1:\(t1.name),t2:\(t2.name)")
var t3 = TeacherClass(name: "Jaki", subject: "Swift")
var t4 = t3
t4.name = "Lucy"
print("t3:\(t3.name),t4:\(t4.name)")
```

运行代码，控制台将打印如下信息：

```
t1:Jaki,t2:Lucy
```

```
t3:Lucy,t4:Lucy
```

可以看出，在将值类型的数据赋值给变量时，进行了全新的复制，它们互相之间将没有关联，修改任意一个数据都不会影响对方，对引用类型进行赋值后，两个指针变量将指向同样的一份数据，因此通过任何一个变量对其做的修改都将影响到另一个变量。在上面的示例代码中，还有一点需要注意，在定义结构体时，如果没有提供构造方法，就会自动根据结构体中的属性生成一个全属性的构造方法。在定义类时则不会自动生成，需要开发者手动提供一个构造方法。

下面，我们对值类型与引用类型的可变性做一些探究。首先，无论是值类型还是引用类型，如果其属性定义为不可变的常量，则都不可以对其进行修改。例如：

```swift
struct TeacherStruct {
    let name:String   // 定义为常量
    var subject:String
}
class TeacherClass {
    let name:String  // 定义为常量
    var subject:String
    init(name:String, subject:String) {
        self.name = name
        self.subject = subject
    }
}
var t1 = TeacherStruct(name: "Jaki", subject: "Swift")
var t2 = t1
//t2.name = "Lucy"   这里会产生编译异常
// t2 本身为变量，可以对其直接修改
t2 = TeacherStruct(name: "Lucy", subject: "Swift")
print("t1:\(t1.name),t2:\(t2.name)")
var t3 = TeacherClass(name: "Jaki", subject: "Swift")
let t4 = t3
//t4.name = "Lucy" 这里会产生编译异常
//t4 = TeacherClass(name: "Lucy", subject: "Swift") 这里也会产生编译异常，t4 声
//明为了常量不能修改
print("t3:\(t3.name),t4:\(t4.name)")
```

需要注意，如果结构体或类中的属性定义为了变量，但是赋值给了常量，则值类型与引用类型的行为将会产生差异。例如：

```swift
struct TeacherStruct {
    var name:String
    var subject:String
}
```

```
class TeacherClass {
    var name:String
    var subject:String
    init(name:String, subject:String) {
        self.name = name
        self.subject = subject
    }
}
var t1 = TeacherStruct(name: "Jaki", subject: "Swift")
let t2 = t1
//t2.name = "Lucy"  将产生编译异常，不能对 name 属性进行修改
print("t1:\(t1.name),t2:\(t2.name)")
var t3 = TeacherClass(name: "Jaki", subject: "Swift")
let t4 = t3
t4.name = "Lucy"
print("t3:\(t3.name),t4:\(t4.name)")
```

通过分析上面的代码可以理解，由于引用类型赋值的变量本身是指针，对对象中属性的修改并不会修改变量本身的内容，因此就算将引用类型赋值给常量，依然可以修改其中的变量属性。值类型则不然，其直接存储数据本身，如果赋值给了常量，则其存储的所有内容都不可修改。可简单理解为，在值类型的结构体中，当修改其中的属性时，实际上和创建一个新的结构体对象是类似的。因此，如果需要在结构体中定义会修改自身数据的函数时，需要使用 mutating 关键字进行修饰，类则不需要。示例代码如下：

```
struct TeacherStruct {
    var name:String
    var subject:String
    mutating func updateName() {
        self.name = "New"
    }
}
class TeacherClass {
    var name:String
    var subject:String

    init(name:String, subject:String) {
        self.name = name
        self.subject = subject
    }
    func updateName() {
        self.name = "New"
```

```
    }
}
```

## 3.4.2  在 Swift 中使用指针

大多数情况下，在 Swift 中都不会使用到指针。Swift 语言的设计尽量对开发者屏蔽了指针，这也是现代编程语言的设计趋势，可以让开发者更专注于业务代码的设计与编写。然而 Swift 依然拥有操作指针的能力，在一些场景下需要调用 C 语言的 API 时，也需要通过操作指针来实现。本节，我们就来一窥 Swift 中指针的相关用法。

我们先来看一个场景，代码如下：

```
var a = 10
var b = a
b += 1
print(a)    // 10
print(b)    // 11
```

运行上面的代码，通过打印信息可以看到最终变量 a 的值为 10、变量 b 的值为 11。这很好理解，因为整型实际上是一种值类型，值类型的赋值会采用深复制的方式，因此变量 b 和变量 a 对应的值是完全独立的。如果我们需要使得变量 a 和变量 b 共享同一份整型数据，就需要使用到指针。

在 Swift 语言中，指针被抽象成结构体，结合泛型的使用来描述指针的类型，例如改写上面的代码如下：

```
var a = 10
var a_p = withUnsafeMutablePointer(to: &a) { (p) -> UnsafeMutablePointer<Int>
in
    return p
}
print(a_p)          // 0x00000001000021a8
a_p.pointee = 11
print(a)            // 11
print(a_p.pointee)  // 11
```

如上代码所示，UnsafeMutablePointer 可以理解为值可变的指针，与之对应的还有 UnsafePointer 类型表示值不可变的指针。withUnsafeMutablePointer 函数的作用是将一个变量转换成值可变的指针，其中需要两个参数，第 1 个参数为要转换成指针的变量，需要使用&符号进行地址获取，第 2 个参数为闭包，转换后的指针会作为闭包的参数传入，我们需要控制闭包的返回值作为整个函数的返回值。在上面的代码中，我们直接将转换后的指针对象返回。使用指针对象的 pointee 属性来对指针指向的值进行操作，其作用有些类似于 C 语言中的*符号。需要注意，只有 UnsafeMutablePointer 类型的指针才可以对 pointee 属性进行赋值，UnsafePointer 类型的指针则只能获取，不能赋值。使用 withUnsafePointer 方法可以获取不可变的指针对象，其用法与 withUnsafeMutablePointer 一致。

　　当值类型的数据作为函数的参数时也会进行深复制，并且在 Swift 语言中函数的参数是被作为常量类型的，因此对于值类型，是不能在函数内部修改外部变量值的，例如：

```
var a = 10
func update(b:Int) {
//   b = b + 1  这里会报错 不能对 let 类型的变量进行修改
    print(b)
}
print(a)
```

　　在这种场景下，也可以通过指针来完成想要达成的行为，示例如下：

```
var a = 10
func update(b:UnsafeMutablePointer<Int>) {
    b.pointee += 1
    print(b.pointee)
}
update(b: &a)
print(a)
```

　　其实还有一种更加优雅的方式可以实现函数内部修改外部值类型变量的值，即使用 inout 关键字，例如：

```
var a = 10
func update(b:inout Int) {
    b += 1
    print(b)
}
update(b: &a)
print(a)
```

　　上面演示了将某个变量转换成指针的过程。也可以手动创建指针变量，由于指针是一种非常特殊的类型，因此无法使用 Swift 中的自动内存管理，指针对象的创建和释放都需要开发者手动进行管理。手动创建的指针对象有 3 种可能存在的状态：

- 状态 1：内存没有被分配，此时指针对象为空指针。
- 状态 2：内存进行了分配，但是值未进行初始化。
- 状态 3：内存进行了分配，值也已经初始化完成。

　　示例代码如下：

```
var int_p = UnsafeMutablePointer<Int>.allocate(capacity: 2) // 分配空间
print(int_p)
int_p.initialize(to: 10)   // 进行初始化
int_p[1] = 20              // 进行赋值
print(int_p[0])            // 10
```

```
print(int_p[1])             // 20
int_p.deinitialize(count: 2) // 析构
int_p.deallocate()          // 释放空间
print(int_p)
print(int_p.pointee)
```

对于数组类型的指针，在 Swift 中使用 UnsafeMutableBufferPointer 或 UnsafeBufferPointer 类型描述。示例代码如下：

```
var array = [1, 2, 3, 4, 5]
var array_p = UnsafeBufferPointer<Int>(start: &array, count: array.count)
if var base = array_p.baseAddress {
    var i = 0
    while i < array_p.count {
        print(base.pointee)
        base = base.successor()
        i += 1
    }
}
```

运行上面的代码，使用指针的方式将数组中的元素依次进行打印。数组指针实际上申请了一组连续地址的内存，在上面的代码中，UnsafeBufferPointer 对象的 baseAddress 属性将尝试返回首个元素的地址，后面使用 successor 方法将返回下一个元素位置的地址。

### 3.4.3   指针与内存管理

在 Swift 中，对象的生命周期由引用计数机制进行管理。当使用指针访问对象时对象的引用计数并没有改变，因此可能出现不安全的操作，这从指针结构体的名字也可以看出，它们都是以 Unsafe 开头的，例如：

```
class Teacher {
    var name:String
    var subject:String

    init(name:String, subject:String) {
        self.name = name
        self.subject = subject
    }
}
var t:Teacher? = Teacher(name: "Jaki", subject: "Swift")
var t_p = withUnsafePointer(to: &t!) { (pointer) -> UnsafePointer<Teacher> in
    return pointer
}
t = nil
```

```
print(t_p.pointee.name)    // 会产生运行错误
```

　　运行上面的代码会产生运行时错误，变量 t 是 Optional 类型的，当将其赋值为 nil 后，其引用的对象即被销毁，内存被释放，后面使用指针再对其进行访问就会产生错误。为了处理这个问题，可以使用 Unmanaged 类对引用计数进行管理，示例如下：

```
class Teacher {
    var name:String
    var subject:String

    init(name:String, subject:String) {
        self.name = name
        self.subject = subject
    }
}
var t_un = Unmanaged.passRetained(t!)              // 进行加引用计数操作
var t_p = t_un.toOpaque()                          // 转换成指针
t = nil
var tt = unsafeBitCast(t_p, to: Teacher.self)      // 将指针强制转换成某个类的实例
print(tt.name)
t_un.release()                                     // 手动释放所增加的引用计数
```

　　再次运行代码，这次程序将按照预期的效果执行。Unmanaged 对象被称为非托管对象，将普通对象转换为非托管对象可以使用 passRetained 方法或 passUnretained 方法：使用 passRetained 方法会使引用计数增加，需要开发者手动进行管理；使用 passUnretained 方法不会改变引用计数。Unmanaged 实例对象的 toOpaque 方法用来获取对象的指针，其是一个任意类型的指针，类似于 C 语言中 void *类型，unsafeBitCast 方法用来将指针强制转换成指定的类实例。需要注意的是这个方法非常危险，不会校验转换的可行性，需要开发者自行保证类型的一致。使用非托管对象还有一点需要注意，如果用了 passRetained 方法，则一定要在合适的时机调用 release 方法进行内存的释放。

## 3.4.4　Swift 中的 String 类型

　　Swift 中的字符串数组和字典与 Objective-C 中的这些数据类型的一大区别就是它们都是值类型，通过前面的学习，我们已经可以比较透彻地理解值类型。还有一点需要注意，在 Objective-C 中，NSString、NSArray 和 NSDictionary 都是定义在 Foundation 框架中的数据类型；在 Swift 中，String、Array 和 Dictionary 是定义在 Swift 语言核心库中的数据类型，Foundation 框架中通过扩展的方式对其功能进行了增加。

　　这些数据类型在 Swift 与 Objective-C 语言中的设计方式的区别在于，Objective-C 更多采用继承的方式实现功能，开发者在需要进行子类功能定制的时候通常需要重写父类的方法；Swift 则更多采用协议的方式实现功能，开发者想要定制功能时需要遵守相关的协议。本节我们就来学习 Swift 中的字符串类型在实际开发中不常用但非常重要的功能。

### 1. 自定义对象描述信息

当使用 print 函数对一个自定义的对象进行打印时，默认会输出这个对象的类型，如果需要自定义对象的描述信息，就需要实现 CustomStringConvertible 协议，CustomStringConvertible 协议中只包含一个 get 属性 description，示例代码如下：

```swift
class Teacher: CustomStringConvertible {
    var name:String

    var description: String {
        get {
            return "教师对象:\(self.name)"
        }
    }

    init(name:String) {
        self.name = name
    }
}
let t = Teacher(name: "Jaki")
print(t)    // 教师对象:Jaki
```

与 CustomStringConvertible 协议对应的还有 CustomDebugStringConvertible 协议。这个协议提供了 debugDescription 属性，用来自定义在 Debug 环境下的打印信息。

### 2. 字符串迭代器

我们知道使用 for-in 可以对字符串进行快速枚举，这其实就应用到了设计模式中的迭代器模式。在 String 结构体的内部定义了一个名为 Iterator 的内部结构体，实现了 Swift 中的迭代器协议 IteratorProtocol，调用字符串的 makeIterator 方法接口获取到这个内部的迭代器结构体示例，代码如下：

```swift
var string = "Hello"
var it:String.Iterator = string.makeIterator()
while let c = it.next() {
    print(c)
}
```

使用内部类、内部结构体、内部枚举也是 Swift 语言常用的一种开发思路。在 String 结构体中，除了定义内部的迭代器结构体外，还有内部的字符下标 Index 结构体等。

### 3. 与字符串迭代相关的几个高级方法

map 方法是最常用的字符串处理方法，其需要传入一个闭包参数，字符串依次遍历出的字符会作为闭包的参数，闭包的返回值为处理后的结果。下面的示例代码演示了逐个将字符串的字符变成大写的方法：

```
var newString = "Hello".map { (c) -> String.Element in
    return c.uppercased().first!
}
print(String(newString))  //HELLO
```

filter 方法用来进行字符串中字符的过滤，其需要传入一个闭包参数，字符串依次遍历出的字符会作为闭包的参数，闭包需要返回一个布尔值，如果返回布尔值 false，则当前字符会被过滤掉，下面的代码会过滤掉字符串中所有的大写字母：

```
var newString = "Hello".filter { (c) -> Bool in
    if c.asciiValue! <= "Z".first!.asciiValue! &&  c.asciiValue! >=
"A".first!.asciiValue! {
        return false
    }
    return true
}
print(newString)  //ello
```

reduce 函数也被称为累加器，其第 1 个参数为累加前的初始结果，第 2 个参数为闭包，闭包中会将上一次执行累加后的结果和遍历出的字符作为参数传入。例如，下面的代码会在字符串的每个字符前插入感叹号：

```
var newString = "Hello".reduce("") { (result, c) -> String in
    return result + "!" + String(c)

}
print(newString)  //!H!e!l!l!o
```

其实，上面列举的方法并非是 String 所独有的。在 Swift 中，集合类型都可以调用这些迭代方法。与 map 方法类似的还有 flatMap 和 compactMap。flatMap 在调用时会将返回的二维集合进行降维，即可以将二维数组中的元素全部合并到一个数组中。compactMap 方法可以自动提出新集合中的 nil 值。

## 3.4.5　Swift 中的 Array 类型

Array 是 Swift 中非常强大的一种数据类型，只要将其声明为变量类型，就可以方便地调用方法对其增删。其实，Array 类型采用了动态扩容的方式实现可变性。示例代码如下：

```
var array:Array<Int> = [1, 2, 3]
print(array.capacity)   // 3
array.append(4)
print(array.capacity)   // 6
array.append(contentsOf: [5, 6, 7])
```

```
print(array.capacity)   // 12
array.append(contentsOf: [8, 9, 10, 11, 12, 13])
print(array.capacity)   // 24
```

数组对象的 capacity 属性用来获取数组的空间大小，也可以理解为数组中可以存放的元素的个数。与之对应的还有一个更常用的 count 属性，用来获取当前数组中元素的个数。从上面的打印信息可以看到，初创的数组分配的内存空间的大小刚好可以存放数组中已有的元素，如果进行元素的追加，则数组会扩容成元素组容量的两倍。之后，每当数组容量不够追加新的元素时，都会进行 2 倍的扩容。

Array 类型在 Swift 中是以结构体的方式实现的，因此其是值类型，通过前面的学习，我们知道值类型在赋值时会被复制，其实在实际操作中并非所有值类型数据的赋值都会产生深复制，否则将产生极大的内存浪费。Swift 采用了写时复制的技术解决资源的优化问题。例如，创建如下两个数组变量：

```
var array1 = [1, 2, 3]
var array2 = array1
print(array1, array2)
```

在 print 语句中添加一个断点，当程序中断时，在 lldb 控制台中执行如下两条指令来打印数组变量的内部数据：

```
frame variable -R array1
frame variable -R array2
```

控制台输出信息如下：

```
(lldb) frame variable -R array1
(Swift.Array<Swift.Int>) array1 = {
  _buffer = {
    _storage = {
      rawValue = 0x0000000102968d70 {
        Swift.__ContiguousArrayStorageBase = {
          Swift.__SwiftNativeNSArrayWithContiguousStorage = {
            Swift.__SwiftNativeNSArray = {}
          }
          countAndCapacity = {
            _storage = {
              count = {
                _value = 3
              }
              _capacityAndFlags = {
                _value = 6
              }
            }
```

```
        }
      }
    }
   }
  }
 }
}
(lldb) frame variable -R array2
(Swift.Array<Swift.Int>) array2 = {
 _buffer = {
  _storage = {
   rawValue = 0x0000000102968d70 {
    Swift.__ContiguousArrayStorageBase = {
     Swift.__SwiftNativeNSArrayWithContiguousStorage = {
      Swift.__SwiftNativeNSArray = {}
     }
     countAndCapacity = {
      _storage = {
       count = {
        _value = 3
       }
       _capacityAndFlags = {
        _value = 6
       }
      }
     }
    }
   }
  }
 }
}
```

在上面打印出的信息里，我们只需要关注 rawValue 的值即可，表示真实的数组数据所在地址，可以看到 array1 和 array2 变量的 rawValue 地址都是 0x0000000102968d70，即此时并没有产生复制操作，如果对其中一个数组进行了修改，则情况会发生变化，具体如下：

```
var array1 = [1, 2, 3]
var array2 = array1
print(array1, array2)
array2.append(4)
print(array1, array2)
```

在最后一行 print 语句处添加断点，重复上面的操作，通过控制台的输出可以看到此时 array1 和 array2 已经变成完全不同的数组对象,这就是写时复制技术的魅力所在。在 Swift 中，其实所有值类型的传递都有这样的特性，因此虽然在 Swift 中 String、Array 和 Dictionary 等这类数据类型都是值类型，但是在使用时可以放心地进行传递，无须考虑额外的资源消耗，Swift 通过写时复制技术确保只有在真正需要时才会进行深复制。

## 3.4.6　Swift 中的 Dictionary 类型

Dictionary 在 Swift 中也是通过结构体实现的，通常在使用字典时都会用字符串作为字典中键的类型，例如：

```
var dic = ["1" : "one" , "2" : "two", "3" : "three"]
```

与 Objective-C 类似，如果需要让自定义的类型可以作为字典中的键，则此类型的示例必须可以进行哈希，在 Swift 中需要遵守 Hashable 协议，示例如下：

```
class Index: Hashable {
    var value:Int

    func hash(into hasher: inout Hasher) {
        hasher.combine(self.value)
    }

    static func == (lhs:Index, rhs:Index) -> Bool {
        return lhs.value == rhs.value
    }

    init(value:Int) {
        self.value = value
    }
}
var dic = [Index(value: 0) : "1", Index(value: 1) : "2", Index(value: 2) : "3"]
print(dic)
```

在上面的代码中，Hashable 协议继承于 Equatable 协议，这个协议中定义了重载等于运算符的方法。

在 Objective-C 中，我们知道字典类型内部实际上是一个哈希表，并且通过关联链表的方式来处理哈希冲突。Swift 中的 Dictionary 与之类似，只是在处理哈希冲突时采用的是开放寻址法，即寻找冲突位置的下一个位置是否空闲，如果空闲就将数据放入其中。Dictionary 的动态扩容机制与 Array 基本一致，当字典中元素存满时，如果需要存储新的元素，则会按照之前容量的 2 倍标准进行扩容。

# 3.5　回顾、思考与练习

本章介绍了在日常开发中经常使用到的数据类型中容易被忽略的深层原理。深入理解这些知识是作为 iOS 高级工程师的基本功。在面试时，这些细节问题也可以考验应聘者是否具有探索能力、是否热爱编程。

## 3.5.1　回顾

重新翻看本章开头所提的几个问题，你是否可以游刃有余地进行解答？对于 iOS 程序运行时的内存分布，你现在是否有了清晰的概念？如果让你向别人解释堆和栈，现在的你是否可以解释清楚了？对 Swift 这门现代化的语言，你是否有了更深入的理解？好记性不如烂笔头，赶紧将这些总结出来吧！

## 3.5.2　思考与练习

1. 再次回想一下 NSDictionary 的实现原理，尝试使用其他的哈希冲突处理方法实现一个基于哈希表的数据结构（例如开放寻址法）。在实现过程中，你会遇到一些问题，尝试着解决它们。

2. 简述一下 Objective-C 中类簇的相关应用。NSString 的类簇有哪些，分别有什么用？Objective-C 是如何从语言层面对系统资源使用进行优化的？

3. 描述深复制与浅复制的区别，使用 Swift 实现一个自定义的类，使其支持深复制。

4. 在 Swift 语言中，值类型的传递总是会被完整复制的说法对吗？如何理解写时复制技术？

5. 为什么在 Objective-C 中的许多引用类型（例如 NSString、NSArray 等）在 Swift 中都采用值类型来实现？（可以从 Swift 语言中结构体枚举的加强、泛型的应用、写时复制技术的应用等方面思考。）

# 第4章

## 常用算法解析

算法通常是指解决问题的方案和步骤，在编程中，更通俗地讲就是解决特定问题的一系列指令。算法要求对于一定规模内的输入，在有限时间内会获得所要求的输出。通常，一个算法的优劣由时间复杂度和空间复杂度来衡量。

作为 iOS 开发者是否需要学习算法？毋庸置疑，需要！就算是非常面向业务的开发需求，有算法基础的开发者也会编写出更加优质的代码，在输入规模扩大的情况下，这些优质的代码也会拥有更强的稳定性并使得应用程序表现出更好的性能。在笔试面试中，算法大多情况下也是必考部分。熟悉常用的基础算法是开发者的基本功。

除了提高代码质量与面试加分外，学习算法也可以锻炼思维能力，提高开发者的逻辑思维能力与抽象建模能力。如今技术迭代发展飞快，掌握核心算法要比掌握一门应用技术更加重要。

本章我们将通过几类在日常开发中应用较多、思路较为基础、步骤较为简单的算法来帮助读者加强算法方面的能力，并会结合实际习题给出 Swift 语言版本的算法示例。算法本身就可以独立成一门单独的学科，其内容非常庞大复杂，本章不可能从浅入深地将算法领域的方方面面都介绍完善，但是通过本章的学习，相信读者可以养成用算法解决问题的思维方式并掌握基础的部分算法。

### 面试前的冥想

(1) 你之前有从元素集合中查找某个元素的经历吗？你是使用什么方法查找的？

(2) 你所知道的排序算法有哪些？尝试使用代码实现一下。

(3) 如何计算算法的空间复杂度与时间复杂度？如何评判一个算法的优劣？

(4) 树这种数据结构有怎样的特点？二叉树呢？堆呢？

# 4.1  关于算法的复杂度

算法的复杂度分为时间复杂度与空间复杂度。时间复杂度描述算法运行的时间成本，空间复杂度描述算法运行的空间成本。时间复杂度与空间复杂度是衡量一个算法优劣的主要标准。通常在解决某个问题选择算法时，要根据实际情况进行分析，如果要求节省空间资源，则应尽量选择空间复杂度小的算法（可能会耗费更多的时间成本），如果要求算法的效率更高，则可以选择时间复杂度小的算法，即用空间换时间。

## 4.1.1  时间复杂度概述

一个算法执行花费的时间与算法中语句的执行次数成正比，算法执行的语句越多，则理论上其消耗的时间也会越多。算法中语句执行的次数通常称为时间频度，时间频度与算法的输入规模一般都存在某种函数关系，设算法的输入规模为 $n$，则时间频度可以表示为 $T(n)$。

例如，下面是一个计算从 1 累加到 10 的结果的算法：

```
var i = 1                // 执行 1 次
var sum = 0              // 执行 1 次
while i <= 10 {          // 条件判断会执行 11 次
    sum += i             // 执行 10 次
    i += 1               // 执行 10 次
}
```

上面的算法中，所有语句的执行次数是 33 次，但是此算法不具有通用性，更常见的是计算从 1 到某个数的累加和，将其封装为函数，代码如下：

```
func sum(max:Int) -> Int {
    var i = 1                // 执行 1 次
    var sum = 0              // 执行 1 次
    while i <= max {         // 条件判断会执行 max + 1 次
        sum += i             // 执行 max 次
        i += 1               // 执行 max 次
    }
    return sum               // 执行 1 次
}
```

如上代码所示，算法中语句的执行次数与输入参数 max 相关，此算法的时间频度为 $T(n) = 3n+4$。下面我们来看算法时间复杂度的定义：设存在一个函数 $f(n)$，当 $n$ 趋向于无穷大时，若 $T(n)/f(n)$ 等于一个不为 0 的常数，则 $T(n)$ 与 $f(n)$ 为同数量级的函数，记作 $T(n) = O(f(n))$，$O(f(n))$ 就被称为算法的时间复杂度。如上面的示例代码，存在 $f(n) = n$，当 $n$ 趋向于无穷大时，$(3n+4)/n$ 的结果为 3，符合时间复杂度的定义，因此上面算法的时间复杂度为 $O(n)$。

直接通过概念来理解算法的时间复杂度较为困难，其实通过算法的时间频度计算时间复杂度很简单，只要掌握下面几条原则即可：

- 如果算法的时间频度为常数，则其时间复杂度为 $O(1)$。如果算法的时间频度是一个与输入规模 $n$ 相关的函数，则先直接将常数项省略。
- 高次项的增长速度是远远高于低次项的，因此如果时间频度中存在不同次数的项，直接将低次项省略，例如 $T(n) = n^3 + n^2$ 可以直接省略为 $T(n) = n^3$。
- 因为指数运算的增长速度远远高于乘法运算，因此可以将变量的倍数省略，例如 $T(n) = 3n$ 直接省略为 $T(n) = n$。

经过上面 3 步处理后的时间频度就是算法的时间复杂度。

## 4.1.2　常见的几种时间复杂度

当算法的执行时间与输入规模 $n$ 无关时，算法的时间复杂度最小，为 $O(1)$。例如：

```
func mul(n:Int) -> Int {
    return n * n
}
```

无论输入怎样，上面的函数都只会运行一行代码，因此其时间复杂度与输入规模无关，即为 $O(1)$。再看下面的函数：

```
func f2(n:Int) {
    var i = 1        // 1
    while i < n {     // log₂N
        i *= 2       // log₂N
        print(i)     // log₂N
    }
}
```

上面的函数中，循环体内相关代码的执行次数可能略微难于计算，其循环变量 i 的增长实际上是以指数的方式增长的，若循环次数为 $x$，则从 $2^x < n$ 可得此函数的时间复杂度为 $\log_2 N$。我们将上面的函数做一些修改，加一层循环进去：

```
func f3(n:Int) {
    var j = 0
    while j < n {
        var i = 1        // 1
        while i < n {     // log₂N
            i *= 2       // log₂N
            print(i)     // log₂N
        }
        j += 1
    }
}
```

上面函数的时间复杂度就变成了 $O(n\log_2 N)$。

通常单单拥有一层循环且变量逐一自增的算法时间复杂度为 $O(n)$，例如：

```
func f4(n:Int) {
    var i = 0
    while i < n {
        print(i)
        i += 1
    }
}
```

循环嵌套的层数往往会直接影响到算法的时间复杂度，例如两层循环的实现复杂度通常为 $O(n^2)$，如下：

```
func f5(n:Int) {
    var j = 0
    while j < n {
        var i = 0
        while i < n {
            i += 1
        }
        j += 1
    }
}
```

以此类推，3 层循环的时间复杂度为 $O(n^3)$。

如果算法中存在递归调用，则其时间复杂度往往会按照指数函数的方式增长，复杂度会非常大，例如常见的斐波那契数列算法。斐波那契数列在数学中有如下定义：

$$F（0）=0，F（1）=1，F（n）=F(n-1)+F(n-2)（n \geqslant 2，n \in N^+）$$

因此，数列看上去是如下的样子：

```
0、1、1、2、3、5、8、13、21、34、…
```

编写算法如下：

```
func f6(n:Int) -> Int {
    if n == 0 {
        return 0
    }
    if n == 1 {
        return 1
    }
    return f6(n: n - 1) + f6(n: n - 2)
}
```

上面的代码理解起来非常简单，就是斐波那契数列数学定义的代码翻译，其中采用递归调用，忽略掉 $n$ 为 0 和 1 时的时间频度常数，其时间复杂度是 2 的 $n$ 次方。

将本节示例的时间复杂度函数绘制成图像，如图 4-1 所示。

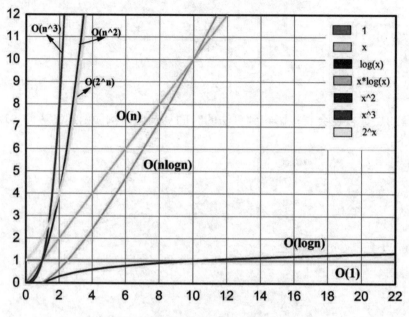

图 4-1　常见的时间复杂度函数图像

当输入规模较小时，时间复杂度的影响并不大，时间复杂度小的算法所耗用的时间也不一定比时间复杂度大的算法多。然而随着输入规模的增加，时间复杂度大的算法所消耗的时间将极速提升。从图 4-1 来看，增长最快的是 3 次函数。实际上，当输入规模继续变大时，指数函数的增长速度要远远大于 3 次函数。综合来讲，这些常见时间复杂度的复杂程度依次排列如下：

$$O(1) < O(\log n) < O(n) < O(n\log n) < O(n^2) < O(n^3) < O(2^n)$$

## 4.1.3　空间复杂度概述

时间复杂度描述的是一个算法随着输入规模的增大其所耗费时间的情况，空间复杂度描述的是一个算法随着输入规模的增大其所消耗存储空间的情况。对算法来说，时间复杂度与空间复杂度往往具有一定的关联，可以根据需求场景选择使用时间换空间的策略或空间换时间的策略。例如，对于闰年计算的程序，一种方式是根据输入的年份通过闰年的定义进行逻辑运算，之后得出结果；还有一种方式是将前后 200 年中是闰年的年份都保存到一个列表中，将输入的年份跟列表中的年份进行比较得出结果。第一种方式在程序运行过程中无须开辟额外的空间，其空间消耗很小，但是计算需要消耗时间。第二种方式直接通过比较就可以得出结果，不需要进行计算，可以节省时间，但是其需要开辟额外的空间进行数据的存储。

一个算法所占用的空间通常包含 3 部分：第一部分是算法本身代码所占用的空间，实现算法的代码量越多，所占用的空间越大；第二部分是外部输入所占用的空间，这部分不随算法的差异而改变，指输入的数据所占据的空间；第三部分是临时变量所占用的空间，算法在执行过程中,有时会需要提供额外的辅助变量,这部分变量也会占用空间。计算算法的空间复杂度与计算算法的时间复杂度类似,先分析内部需要开辟的额外空间数量,之后进行简化。

当算法所占用的空间与输入规模无关时,其空间复杂度为 $O(1)$。例如,对于直接交换元素进行排序的冒泡排序,其空间复杂度就为 $O(1)$:

```swift
func f1(array: inout Array<Int>) {
    var i = 0                        // 1
    while i < array.count - 1 {
        var j = 0                    // 1
        while j < array.count - 1 - i {
            if array[j] > array[j+1] {
                array.swapAt(j, j + 1)
            }
            j += 1
        }
        i += 1
    }
}
```

如果排序过程不是就地排序的,而是使用了辅助数组,例如插入排序,那么其空间复杂度为 $O(n)$:

```swift
func f2(array:Array<Int>) -> Array<Int> {
    var result = Array<Int>()        // n
    result.append(array[0])
    var i = 1                        // 1
    while i < array.count {
        var j = 0                    // 1
        while j < result.count {
            if result[j] > array[i] {
                result.insert(array[i], at: j)
                break
            }
            if j == result.count - 1 {
                result.append(array[i])
                break
            }
            j += 1
        }
        i += 1
    }
    return result
}
```

一个算法如果进行了递归调用，则其空间复杂度往往也会略大，即使算法本身没有随输入规模而开辟空间，但是随着递归的深入，临时空间也会不停地被开辟，空间复杂度会与递归深度相关。

# 4.2 常用查找算法

查找的目的是在大量的信息集合中找到一个特定的信息元素。在计算机中，查找是最基本的操作，比如内存中变量数据的查找、程序符号表的查找等。在编程应用中，查找算法通常有两种应用：一种是直接在集合中进行元素的比较查找，查找结果为此元素是否存在在集合中；另一种是将元素的某个属性作为查找的条件，查找到后将完整的元素对象返回。常用的查找算法有 7 种，也被称为 7 大查找算法，即顺序查找、二分查找、插值查找、斐波那契数列查找、树查找、分块查找和哈希查找。

本节将通过示例分别介绍这 7 大查找算法，帮助大家掌握查找算法的核心。

## 4.2.1 顺序查找算法

顺序查找算法是 7 大查找算法中最简单最基础的一种，也被称为线性查找。其没有什么特别的设计，直接遍历整个集合将元素查找出来。示例代码如下：

```
func found(array:Array<Int>, obj:Int) -> Bool {
    for i in 0 ..< array.count {
        if array[i] == obj {
            return true
        }
    }
    return false
}
```

如上代码所示，当数组中查找到指定元素后会返回布尔值 true，否则返回布尔值 false。顺序查找没有开辟新的临时存储空间，因此其空间复杂度为 $O(1)$。由于顺序查找需要遍历集合，因此在最坏的情况下顺序查找的时间复杂度为 $O(n)$。当集合中的元素非常多时，顺序查找的性能就会显著降低。顺序查找也有优势，首先是对集合中元素的存储方式没有要求，并且对于线性的单向链表，也只能使用顺序查找的方式进行查找。

## 4.2.2 二分查找算法

二分查找是对顺序查找的一种优化，但是其要求所查找的集合为有序数组。二分查找的核心在于每次查找都从数组的中间元素开始，如果所查找元素小于中间元素，则将数组进行折半，在小的一半中继续上面的查找过程；如果所查找元素大于中间元素，则在大的一半中继续上面的查找过程，直至找到元素或数组无法再进行折半。示例代码如下：

```
func found(array:Array<Int>, obj:Int) -> Bool {
```

```
    var left = 0
    var right = array.count - 1
    while left <= right {
        let mid = Int((right + left) / 2)
        if obj == array[mid] {
            return true
        }
        if obj > array[mid] {
            left = mid + 1
        }
        if obj < array[mid] {
            right = mid - 1
        }
    }
    return false
}
```

如上代码所示，在二分查找算法中并没有额外创建与输入有关系的内存空间，因此其空间复杂度为 $O(1)$。由于每次查找都会使数组折半，因此其时间复杂度要比顺序查找小，为 $O(\log n)$，需要注意的是，二分查找虽然性能比顺序查找更好，但是其要求所查找的集合为有序的，如果我们的原始集合是无序的，则在使用二分查找前需要先对集合进行整理。这将使用到排序相关的算法，会产生额外的时间与空间消耗，后面章节我们也会对常用的排序算法进行介绍。

## 4.2.3　插值查找算法

插值查找是二分查找的一种变体，也要求查找的集合为有序数组。二分查找每次都会以查询数组的中间作为分割点进行数组折半，插值查找则是根据比例对数组进行分割，核心思路如图 4-2 所示。

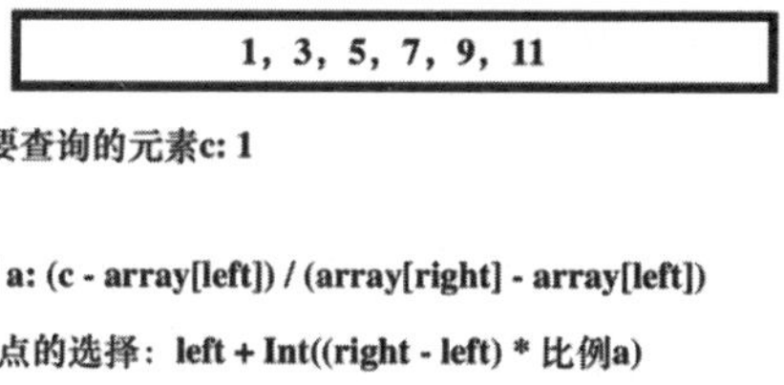

```
  1, 3, 5, 7, 9, 11
```

要查询的元素 c: 1

比例 a: (c - array[left]) / (array[right] - array[left])

分割点的选择：left + Int((right - left) * 比例 a)

图 4-2　插值查找算法的核心思路

对于插值查找算法，公式 left + Int((right – left) * a)用来计算要分割的位置，a 为根据要查找的元素的值计算出的其在数组中大致的位置比例。在数组中元素较多并且数组中元素的分布比较均匀的情况下，插值查找可以极大地提高查询效率，其通过比例定位元素位置的方式可以有效地减少数组的分割次数。但是，并非所有有序数组都适用插值查找算法。数组元素较少或数组中元素的分布非常不均匀时，使用插值查找算法的性能会比二分查找算法更差。

如下代码为插值查找算法示例：

```
// 插值查找
func found2(array:Array<Int>, obj:Int) -> Bool{
    var left = 0
    var right = array.count - 1
    while left <= right {
        let mid = left + Int((right - left) * (obj - array[left])/(array[right]
- array[left]))
        print(mid)
        if obj == array[mid] {
            return true
        }
        if obj > array[mid] {
            left = mid + 1
        }
        if obj < array[mid] {
            right = mid - 1
        }
    }
    return false
}
```

如上代码所示，插值查找算法和二分查找算法的唯一不同之处即是分割位置的选择。

## 4.2.4　斐波那契查找算法

关于斐波那契数列，前面小节也有介绍，其又被称为黄金分割数列。在自然界中，斐波那契数列有着广泛的应用，例如植物的生产时间与休息时间、各种花卉的花瓣数量等都十分"巧合"地符合斐波那契数列。基于斐波那契数列的这种特性，对于二分查找的分割位置也可以通过斐波那契数列来确定。斐波那契数列的定义如下：

$$F(1)=1，F(2)=1，F(n)=F(n-1)+F(n-2)（n \geqslant 2）$$

斐波那契查找算法也是二分查找算法的一种变体，在进行有序数组中元素的查找时，可以先在斐波那契数列中找到一个等于或大于数组中元素个数的数值 $F(n)$，之后将数组进行斐波那契分割，即分割成 $F(n-1)$ 与 $F(n-2)$ 两部分，分析出要查找元素所在的一部分后继续进行斐波那契分割，直到找到元素或无法再分割。

示例代码如下：

```
// 斐波那契查找
func found3(array:Array<Int>, obj:Int) -> Bool {
    // 假设要查找的数组中元素个数不超过 144
    let F = [1, 1, 2, 3, 5, 8, 13, 21, 34, 55, 89, 144]
    var left = 0
```

```
    var right = array.count - 1
    var k = 0
    // 找到一个大于或等于元素个数的斐波那契数列中的数
    while right > F[k] {
        k += 1
    }

    while left <= right {
        // 进行越界检查
        if k <= 0 {
            k = 1
        }
        var mid = left + F[k - 1] - 1
        // 进行越界检查
        if mid > array.count - 1 {
            mid = array.count - 1
        }
        if mid < 0 {
            mid = 0
        }

        if obj == array[mid] {
            return true
        }
        // 对 F(n-1) 再进行斐波那契分割
        if obj < array[mid] {
            right = mid - 1
            k -= 1
        }
        // 对 F(n-2) 再进行斐波那契分割
        if obj > array[mid] {
            left = mid + 1
            k -= 2
        }
    }
    return false
}
```

注意，上面的示例代码使用条件判断防止数组访问越界。其实还有一种更加容易理解的处理方式，即找到一个大于等于数组中元素个数的斐波那契数列中的数之后，将数组进行扩展填充，使用最后一个元素的值将数组元素个数填充到与找到的斐波那契数列中的数一致。

### 4.2.5 二叉查找树查找算法

树是一种非常重要的数据结构。二叉查找树是一种特殊的树结构，进行元素的查找效率也非常高，其时间复杂度为 $O(\log n)$。

在学习二叉查找树算法之前，先了解一下什么是二叉查找树。当树结构为一棵空树或者同时满足下面 3 个条件时，它就是二叉查找树：

● 任意节点左子树的值均小于当前节点。
● 任意节点右子树的值均不小于当前节点。
● 任意节点的左、右子树分别为二叉查找树。

例如，图 4-3 所示就是一棵二叉查找树。

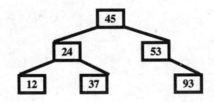

图 4-3　二叉查找树

与二分查找的原理类似，在使用二叉查找树进行查找时，首先会从根节点进行比较。根据大小关系选择要继续查找的子树，当查找到元素或者子树为空时查找完毕。

二叉查找树的查找算法示例如下：

```
class Node {
    var left:Node?
    var right:Node?
    var value:Int

    init(value:Int) {
        self.value = value
    }
}
func found(rootNode:Node?, obj:Int) -> Bool {
    var node = rootNode
    while node != nil {
        if node!.value == obj {
            return true
        }
        if node!.value > obj {
            node = node!.left
            continue
        }
```

```
        if node!.value < obj {
            node = node!.right
            continue
        }
    }
    return false
}
// 构建树
let root = Node(value: 45)
let left = Node(value: 24)
let right = Node(value: 53)
left.left = Node(value: 12)
left.right = Node(value: 37)
right.right = Node(value: 93)
root.left = left
root.right = right
// 测试
print(found(rootNode: root, obj: 12))
```

其实，二叉查找树还有很多优化变体，后面会有专门的章节对树相关的算法进行介绍。

## 4.2.6　分块查找算法

分块查找算法是对顺序查找算法的一种优化，其首先需要将数组中的元素分成多个部分，保证每个部分"块"之间有序，"块"内可以无序。在查找时，将"块"中最大的元素和其位置建立成索引表，进行元素查找时先从索引表中查找元素可能在的块，之后在块内进行顺序查找。

分块查找算法在某些场景下能表现出更好的效率，但是其对数组中元素的排列要求较高，需要符合块间有序这一条件。示例代码如下：

```
func found(array:Array<Int>, indexTable:Array<(Int,Int)>, obj:Int) -> Bool {
    var nextIndex = 0
    for i in 0 ..< indexTable.count {
        if indexTable[i].0 >= obj {
            let index = indexTable[i].1
            if i < indexTable.count - 1 {
                nextIndex = indexTable[i + 1].1
            } else {
                nextIndex = array.count - 1
            }
            for j in index ... nextIndex {
                if obj == array[j] {
                    return true
                }
```

```
            }
        }
    }
    return false
}
let array =[22,12,13,8,9,20,33,42,44,38,24,48,60,58,74,49,86,53]
let indexTable = [(22, 0), (48, 6), (86, 12)]
print(found(array: array, indexTable: indexTable, obj: 74))
```

如上代码所示，数组 array 中的元素可以分为 3 个块，分别为[22, 12, 13, 8, 20]、[33, 42, 44, 38, 24, 48]和[60, 58, 74, 49, 86, 53]。其中，第一个块中的所有元素都比第一个块的任意元素大，第三个块中的所有元素都比第二个块中的任意元素大。在查找时通过索引表很快就能查出所要查找的元素可能在的块，之后进行顺序查找就会减少许多无用的遍历操作。

### 4.2.7 哈希查找算法

哈希查找算法是 7 大查找算法中的最后一种，也是效率最高的一种。哈希查找其实是基于哈希表进行查找的，哈希表在没有产生冲突时的时间复杂度为 $O(1)$。对于哈希查找，构建哈希表是关键。在构建哈希表时有两方面需要注意：

● 选择合适的哈希函数计算存储的键对应的哈希值。哈希函数的选择要尽可能减少碰撞，要尽可能使地址的分布均匀。
● 选择一种处理哈希碰撞的方案。

关于哈希表的构建及碰撞处理，我们在第 3 章中已经有详细的介绍，也有简易哈希表的完整实现示例，这里就不再赘述了。

## 4.3 常用排序算法

排序也是软件设计中的一种重要操作。排序算法的作用是提供一种方法将集合中的数据按照一定的顺序进行排列。对于拥有大量元素集合的排序操作，选择合适的排序算法可以极大地提高效率与降低系统资源的消耗。

在面试中，各种排序算法的应用会被作为程序员的基本编程能力进行考查。常用的排序算法有 8 种，即冒泡排序算法、选择排序算法、快速排序算法、插入排序算法、希尔排序算法、归并排序算法、桶排序算法、堆排序算法。

本节将逐一介绍这 8 种排序算法的使用，并通过代码演示帮助大家更深入地进行理解。

### 4.3.1 冒泡排序算法

冒泡排序算法通常是初学者学习编程时接触到的第一种排序算法，也是比较简单的一种排序算法。冒泡排序算法通过多次比较相邻元素，将顺序错误的元素进行交换，最终完成排序，就好似水中的气泡由小到大逐渐上浮，因此这种算法被形象地称为冒泡排序。

冒泡排序算法的核心原理如下：

（1）比较相邻的元素，如果顺序错误就进行交换。

（2）从前到后对每一对相邻的元素进行上一步骤，完成后，最大(或最小)的元素会被移动到最后，此时最后一个元素变成已排序元素。

（3）除了已排序元素，继续从前到后的没对元素进行比较排序。

（4）直到所有元素都变成已排序元素，算法执行结束。

冒泡排序算法中只需要额外开辟两个循环变量的空间，因此其空间复杂度为 $O(1)$；因为其需要两层循环，所示时间复杂度为 $O(n^2)$。示例代码如下：

```
func sort(array:inout Array<Int>) {
    for i in 0 ..< array.count - 1 {
        for j in 0 ..< array.count - i - 1 {
            if array[j] > array[j + 1] {
                array.swapAt(j, j + 1)
            }
        }
    }
}
var array = [1, 3, 2, 5, 6, 4, 8, 11, 9, 0]
sort(array: &array)
print(array)
```

## 4.3.2　选择排序算法

与冒泡排序一样，选择排序也是一种简单直观的排序算法。冒泡排序每轮排序后会将最大(小)的元素排在最后，而选择排序每一轮排序后会选择最小(大)的元素放在最前。

选择排序算法可以拆分成以下几个步骤：

（1）从数组中找出最小的元素，将其与第一个元素进行交换，此时第一个元素变成已排序元素。

（2）依次对数组中的未排序元素进行第一步中的操作。

（3）直到数组中所有的元素都变成已排序元素。

选择排序的示例代码如下：

```
func sort(array:inout Array<Int>) {
    for i in 0 ..< array.count {
        var min = i
        for j in (i + 1) ..< array.count {
            if array[min] > array[j] {
                min = j
```

```
        }
      }
      if i != min {
          array.swapAt(i, min)
      }
    }
}
var array = [3, 4, 1, 10, 2, 6, 5, 8, 7, 11, 0]
sort(array: &array)
print(array)
```

如上代码所示，选择排序也需要进行两层循环，因此其时间复杂度也是 $O(n^2)$。

## 4.3.3 快速排序算法

快速排序算法是对冒泡排序算法的一种改进。快速排序的核心是寻找一个基准元素，之后将数组分成两部分，其中一部分的元素都大于基准元素，另一部分的元素都不大于基准元素。之后再对每一部分以同样的方式进行分割，递归进行，直到各个子数组中都只剩下一个元素为止，排序完成。

快速排序的示例代码如下：

```
func sort(array:inout Array<Int>) {
    if array.count <= 1 {
        return
    }
    let base = array.first!
    var left = Array<Int>()
    var right = Array<Int>()
    for i in 1 ..< array.count {
        if array[i] > base {
            right.append(array[i])
        } else {
            left.append(array[i])
        }
    }
    sort(array: &left)
    sort(array: &right)
    left.append(base)
    array = left + right
}
var array = [4, 2, 7, 9, 10, 1, 3, 56, 11, 8, 9, 0]
sort(array: &array)
print(array)
```

对于快速排序，理想状态下每次分割都可以将数组进行等分，这时需要递归 $\log_2 N$ 次，再加上每次递归中都要进行一轮循环比较，因此其时间复杂度最终可简化为 $O(n\log n)$。在上面的代中，每次递归执行都会创建两个临时数组，尽管可以通过记录下标的方式优化掉，但除此之外，还需要一个专门的栈来实现递归，因此其空间复杂度较大，为 $O(\log n)$。选择快速排序时，一定要考虑是否会因为递归层次过深造成极大的资源消耗。

## 4.3.4　插入排序算法

插入排序算法的核心是将数组分为两部分，其中一部分有序、另一部分无序，之后在无序的部分中选择一个元素插入到有序部分的正确位置上。示例代码如下：

```
func sort(array:inout Array<Int>) {
    for i in 1 ..< array.count {
        let obj = array[i]
        for j in 0 ..< i {
            if array[j] > obj {
                array.remove(at: i)
                array.insert(obj, at: j)
                break
            }
        }
    }
}
var array = [3, 5, 1, 8, 9, 2, 7, 4, 11, 54, 0, 10, 9]
sort(array: &array)
print(array)
```

插入排序的时间复杂度为 $O(n^2)$，对于少量元素且基本有序的数组，插入排序算法会大大减少元素操作的步骤，效率很高。

## 4.3.5　希尔排序算法

希尔排序是对插入排序的一种升级。在处理大量元素的数组排序时，希尔排序能保持更好的排序效率。插入排序是通过逐个对数组元素进行插入来将数组有序化，希尔排序则是先选定一个特定的步长，将数组根据步长分割成多个子数组，对每个子数组先使用插入排序进行排序，之后逐步减小步长（减少子数组的个数），直到整个完整数组有序。

示例代码如下：

```
func sort(array:inout Array<Int>) {
    var step:Int = array.count / 2
    while step > 0 {
        for i in 0 ..< step {
            var j = i + step
```

```
            while j < array.count {
                let obj = array[j]
                var k = i
                while k < j {
                    if array[k] > obj {
                        array.remove(at: j)
                        array.insert(obj, at: k)
                        break
                    }
                    k += step
                }
                j += step
            }
        }
        step /= 2
    }
}
var array = [18, 4, 6, 1, 8, 7, 2, 10, 99, 0, 2, 9]
sort(array: &array)
print(array)
```

在上面的代码中，最外层循环用来控制步长，当步长不大于 0 时，不再进行子数组的分割，排序完成。第二层循环对每个子数组进行遍历，for 循环内部实际上就是一个改进版的插入排序算法，其比较的元素并不是相邻的，而是由步长进行控制的。

## 4.3.6 桶排序算法

相比于前面所学习的几种排序算法，桶排序算法的思路另辟蹊径，其并不是采用比较的方式进行元素的排序，而是创建一个"桶"数组，使用"桶"数组的下标作为要排序的元素值，最后通过遍历"桶"数组来重新排列元素。桶排序算法的思路简单，非常容易理解，并且效率也很高，但是其需要创建一个与要排序数组中最大元素相关的临时数组。如果要排序数组中元素的最值较大，则会非常消耗内存。

桶排序示例代码如下：

```
func sort(array:inout Array<Int>) {
    let max = array.max()!
    var pArray = Array<Int>(repeating: 0, count: max + 1)
    for item in array {
        pArray[item] += 1
    }
    array.removeAll()
    for i in 0 ..< pArray.count {
        var c = pArray[i]
```

```
        while c > 0 {
            array.append(i)
            c -= 1
        }
    }
}
var array = [4, 3, 8, 9, 1, 2, 10, 8, 3, 7, 11, 0, 99]
sort(array: &array)
print(array)
```

如上代码所示，pArray 创建"桶"数组，之后进行要排序数组的遍历，将元素的值作为桶数组的下标，对应的值用来记录元素出现的个数。整理完成后，重新遍历"桶"数组，将不为 0 的位置下标作为元素的值重新装载入最终的结果数组。

## 4.3.7　归并排序算法

归并排序算法采用了递归与合并的思想。其核心是将数组分割成两个子数组，让子数组有序，之后再合并两个有序的子数组到最终的结果数组中去。可以采用二分的方式进行子数组的分割，递归进行，当子数组中只剩下一个元素时，其本身就变成了有序数组，之后只需要根据递归的逻辑一层一层向上合并即可。

对于数组的分割过程，如图 4-4 所示。

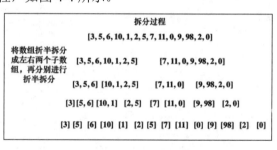

图 4-4　归并排序中数组的拆分过程

当数组拆分到最后一层时，每个子数组中只剩下一个元素，此时子数组默认是有序的，之后对其进行合并操作，合并过程如图 4-5 所示。

**合并排序过程**

| [3] | [5] | [6] | [10] | [1] | [2] | [5] | [7] | [11] | [0] | [9] | [98] | [2] | [0] |
|---|---|---|---|---|---|---|---|---|---|---|---|---|---|

[3, 5]　　[6, 10]　　[1, 2]　　[5, 7]　　[0, 11]　　[9, 98]　　[0, 2]

[3, 5, 6, 10]　　　　[1, 2, 5, 7]　　　　[0, 9, 11, 98]　　　　[0, 2]

[1, 2, 3, 5, 5, 6, 7, 10]　　　　　　[0, 0, 2, 9, 11, 98]

[0, 0, 1, 2, 2, 3, 5, 5, 6, 7, 9, 10, 11, 98]

**依次进行子数组的合并，直到合并成一个完整的数组**

图 4-5　归并排序中数组的合并过程

合并过程实际上是拆分过程的逆过程，在合并的过程中对数组进行合并排序。归并排序算法的示例代码如下：

```swift
func sort(array:inout Array<Int>) {
    if array.count == 1 {
        return
    } else {
        var left = Array(array[0 ..< (array.count / 2)])
        var right = Array(array[(array.count / 2) ..< array.count])
        sort(array: &left)
        sort(array: &right)
        array = merge(left: left, right: right)
    }
}
func merge(left:Array<Int>, right:Array<Int>) -> Array<Int> {
    var array = Array<Int>()
    var l = left
    var r = right
    while l.count > 0 && r.count > 0 {
        if l[0] > r[0] {
            array.append(r[0])
            r.remove(at: 0)
        } else {
            array.append(l[0])
            l.remove(at: 0)
        }
    }
    if l.count > 0 {
        array.append(contentsOf: l)
    }
    if r.count > 0 {
        array.append(contentsOf: r)
    }
    return array
}
var array = [3, 5, 6, 10, 1, 2, 5, 7, 11, 0, 9, 98, 2, 0]
sort(array: &array)
print(array)
```

如上代码所示，其中 merge 函数用来进行两个子数组的合并排序，sort 函数用来处理数组拆分的递归逻辑。

## 4.3.8　堆排序算法

堆排序是利用堆这种数据结构设计的排序算法。堆实际上是一种完全二叉树，通过数组的索引关系可以快速定位堆中某个节点的子节点。对于完全二叉树，除了最后一层外每一层都被完全填充，并且所有的节点都保持向左对齐。图 4-6 所示即是一种完全二叉树。

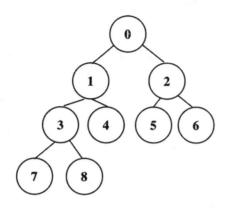

图 4-6　完全二叉树示例

堆又分为最大堆与最小堆。最大堆要求节点的元素都不小于其子节点，最小堆要求节点元素都不大于其子节点。因此，对于最大堆，顶部的元素一定是整个堆中的最大值。堆排序算法，就是先构造最大堆，之后将顶部的元素取出，再构造最大堆，依次进行，直到数组中的元素排序完成。

完全二叉树可以通过一个节点在数组中的下标方便地获取左、右子节点。例如，下标为 i 的元素，其左子树的下标为（i * 2 + 1），右子树的下标为（i * 2 + 2），如图 4-6 所示，下标为 3 的第 4 个元素的左子树下标为 7，右子树下标为 8。凭借这种性质，我们可以将数组方便地构造为堆。对于最大堆的构造，通过逆序遍历数组，每次将最大值上浮到父节点中即可。

堆排序算法示例代码如下：

```
func adjust(array:inout Array<Int>) {
    for i in 0 ..< array.count {
        let index = array.count - 1 - i
        var top = array[index]
        var left:Int?
        var right:Int?
        if index * 2 + 1 < array.count {
            left = index * 2 + 1
        }
        if index * 2 + 2 < array.count {
            right = index * 2 + 2
        }
        // 进行调整
        if let l = left {
```

```
        if array[l] > top {
            array[index] = array[l]
            array[l] = top
            top = array[index]
        }
    }

    if let r = right {
        if array[r] > top {
            array[index] = array[r]
            array[r] = top
            top = array[index]
        }
    }
}
}
func sort(array:inout Array<Int>) {
    var c = array.count;
    var result = Array<Int>()
    while c > 0 {
        adjust(array: &array)
        result.insert(array.first!, at: 0)
        array.remove(at: 0)
        c -= 1
    }
    array = result
}
var array = [3, 5, 7, 1, 9, 0, 2, 11, 8, 99, 0, 7]
sort(array: &array)
print(array)
```

# 4.4  树相关算法

在面试中，树也是经常被考查到的一种数据结构。其概念多、变体复杂，与其相关的算法也相对较难，成为很多求职者面试时的绊脚石。本节，我们将着重介绍树这种数据结构，帮助大家从整体上掌握树结构的概念与应用。

## 4.4.1  树的概念

树这种数据结构在前面已经简单提及，例如使用二叉搜索树实现查找算法、利用完全二叉树构造堆来实现堆排序算法等。树结构有如下几项特点：

- 树是一种递归的数据结构，是包含一个或多个数据节点的集合，其中一个节点被指定为树的根，其他节点被称为子节点。
- 除了根节点外的节点如果不为空，则这个节点被称为子树。
- 节点之间的关系有父子关系、祖先后代关系和姐妹关系。
- 在通用树中，一个节点可以有任意数量个子节点，但是只能有一个父节点（根节点没有父节点）。

图 4-7 所示为一棵通用树的结构。

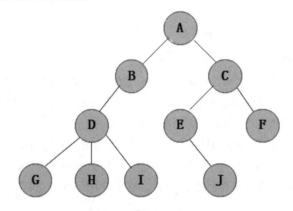

图 4-7　通用树的结构示例

其中，A 节点为树的根节点，由于 B、C 节点都有子节点，因此它们都是子树，同样 D、E 也是子树。在一棵树中，下面这些概念非常重要，需要牢记：

- 根节点：树的最顶层节点，没有父节点的节点。如图 4-7 中的节点 A。
- 子树：除了跟节点外，子节点不为空的节点组成的树为子树，如图 4-7 中的 B、C、D、E。
- 叶节点：没有任何子节点的节点，如图 4-7 中的 G、H、I、J。
- 路径：从根节点到指定节点组成的节点链，如图 4-7 中节点 G 的路径为 A→B→D→G。
- 祖先节点：一个指定节点路径上除该节点外的任意节点，如节点 G 的祖先节点为 A、B、D。
- 度：节点的子节点数量，如节点 D 的度数为 3、节点 E 的度数为 1、叶节点的度数都为 0。

## 4.4.2　二叉树

二叉树也是树，只是稍微特殊一点。二叉树的每个节点最多可以有两个子节点，分别称为左节点和右节点。图 4-8 所示为基本的二叉树结构。

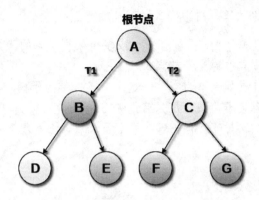

图 4-8　二叉树结构示例

二叉树又可分为严格二叉树与完全二叉树。

严格二叉树要求除了叶节点外，所有的节点都有两个子节点，如图 4-8 所示。

严格二叉树有一个十分有趣的性质：若叶节点个数为 $n$，则树中所有元素的个数为 $(2n-1)$。例如，在图 4-8 中，叶节点个数为 4，整个树中的元素个数为 7。

完全二叉树在堆排序算法中使用过。当树中所有叶节点都位于同一层，且树的构造是左对齐的，则它是一棵完全二叉树。在完全二叉树中，若父节点的下标为 $n$，则其左子节点的下标为 $(2n+1)$，右子节点的下标为 $(2n+2)$。图 4-9 所示为一棵完全二叉树。

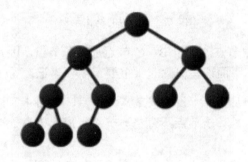

图 4-9　完全二叉树示例

### 4.4.3　二叉树的遍历

二叉树的遍历是指沿着某个路径将二叉树中的所有节点都访问一遍。遍历是二叉树结构中一种重要的运算，是二叉树进行其他运算的基础。对二叉树的遍历通常有 3 种方式：前序遍历、中序遍历和后序遍历。

前序遍历是指在遍历二叉树时，先访问根节点，再对左子树进行前序遍历，最后对右子树进行前序遍历。二叉树的遍历实际上是一个递归运算的过程。图 4-10 所示为一棵普通二叉树。

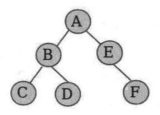

图 4-10　二叉树示意图

对图 4-10 中所示的二叉树进行前序遍历将依次访问到元素 A→B→C→D→E→F。前序遍历示例代码如下：

```
class Node {
    var left:Node?
    var right:Node?
    var value:String
    init(value:String) {
        self.value = value
    }
}
// 构建树
let root = Node(value: "A")
let left = Node(value: "B")
let right = Node(value: "E")
left.left = Node(value: "C")
left.right = Node(value: "D")
right.right = Node(value: "F")
root.left = left
root.right = right
func enumTree(node:Node) {
    print(node.value)
    if let left = node.left {
      enumTree(node: left)
    }
    if let right = node.right {
        enumTree(node: right)
    }
}
enumTree(node: root)
```

中序遍历是指在遍历二叉树时，先对左子树进行中序遍历，再访问根节点，最后对右子树进行中序遍历。对图 4-10 中的二叉树进行中序遍历后的结果为 C→B→D→A→E→F。示例代码如下：

```
func enumTree(node:Node) {
    if let left = node.left {
        enumTree(node: left)
    }
    print(node.value)
    if let right = node.right {
        enumTree(node: right)
    }
}
```

后序遍历是指先对二叉树的左子树进行后续遍历，再对右子树进行后序遍历，最后访问二叉树的根节点。对于图 4-10 中的二叉树，其后序遍历的结果为 C→D→B→F→E→A。示例代码如下：

```
func enumTree(node:Node) {
    if let left = node.left {
        enumTree(node: left)
    }
    if let right = node.right {
        enumTree(node: right)
    }
    print(node.value)
}
```

二叉树的遍历操作无论是前序遍历、中序遍历还是后续遍历都比较简单。只需要记住前序遍历为"根左右"、中序遍历为"左根右"、后序遍历为"左右根"即可。

## 4.4.4　二叉查找树

二叉查找树又叫二叉搜索树，我们在学习查找算法的时候就有使用过它。这里，我们温习一下，首先二叉查找树也是二叉树，除了二叉树基本的特性之外，还有如下特点：

- 左子树中所有节点的值小于根的值。
- 右子树中所有节点的值大于根的值。
- 左右子树也分别是二叉查找树。

二叉查找树的构建非常简单，当拿到一组数据后，首先随机选取一个元素作为二叉查找树的根（根的选择越接近中间数，二叉查找树的查找效率越高）。之后选取其他元素与根元素进行比较，如果小于根元素，就将此元素插入到左子树中；如果大于根元素，就将此元素插入到右子树中。示例代码如下：

```
class Node {
    var left:Node?
    var right:Node?
    var value:Int
```

```
        init(value:Int) {
            self.value = value
        }
}
func makeTree(array:Array<Int>) -> Node? {
    if array.count == 0 {
        return nil
    }
    let root = Node(value: array[0])
    for i in 1 ..< array.count {
        insert(value: array[i], node: root)
    }
    return root
}
func insert(value:Int, node:Node) {
    if node.value > value {
        if let l = node.left {
            insert(value: value, node: l)
        } else {
            node.left = Node(value: value)
        }
    }

    if node.value < value {
        if let r = node.right {
            insert(value: value, node: r)
        } else {
            node.right = Node(value: value)
        }
    }
}
```

上面代码中的 insert 函数采用递归的方式进行插入位置的查找，由于树本身就是一种递归的数据结构，因此在对其进行操作时也经常会使用到递归。

向二叉查找树中插入元素的方法和构建二叉查找树时类似，需要注意的是，如果向空的二叉查找树中插入元素，则直接将此元素作为二叉查找树的根节点。

删除二叉查找树中的某个节点略微复杂一些。首先，二叉查找树中的节点有 4 种类型：

● 此节点为叶节点，没有左子树也没有右子树。
● 此节点只有左子树，没有右子树。
● 此节点只有右子树，没有左子树。
● 此节点既有左子树，也有右子树。

　　如果要删除的节点为叶节点，则删除逻辑很简单，直接将此节点移除即可。

　　如果要删除的节点只有左子树，则将此节点删除后，将左子树代替它与其父节点相连即可。

　　如果要删除的节点只有右子树，则将此节点删除后，将其右子树代替它与其父节点相连即可。

　　如果要删除的节点既有左子树也有右子树，就需要选择左子树中的最大值或者右子树中的最小值代替要删除的节点与其父节点连接。

　　二叉查找树中删除节点的示例代码如下：

```
func delete(tree:Node, value:Int) -> Node? {
    if tree.value == value {
        if tree.left == nil && tree.right == nil {
            return nil
        }
        if tree.left == nil && tree.right != nil {
            return tree.right
        }
        if tree.right == nil && tree.left != nil {
            return tree.left
        }
        if let l = tree.left, let _ = tree.right {
            // 取左节点最大值
            var max = l
            while let m = max.right {
                max = m
            }
            // 删掉取出的最大值
            let res = delete(tree: tree, value: max.value)
            max.left = res?.left
            max.right = res?.right
            return max
        }
    }
    if tree.value > value {
        if let l = tree.left {
            tree.left = delete(tree: l, value: value)
        }
    }

    if tree.value < value {
        if let r = tree.right {
            tree.right = delete(tree: r, value: value)
        }
```

```
    }
    return tree
}
var list = [4, 6, 1, 2, 8, 10, 0, 3, 7]
let root = makeTree(array: list)
let res = delete(tree: root!, value: 4)
```

如上代码所示，在删除二叉查找树中的节点时，要分两步进行：第一步是通过递归的方式找到要删除的位置；第二步是根据节点所属的类型参照前面列举的方法对二叉查找树进行处理。

## 4.4.5　平衡二叉查找树

平衡二叉树是指高度平衡的二叉树——一棵二叉树的高度与其子树的层数有关。例如，只有一个根节点的二叉树，高度为 1；只有根节点和叶子节点的二叉树，高度为 2。一棵二叉树的高度就是其子树的层数加 1。例如，图 4-10 中的二叉树高度为 3。

一棵二叉树是否是平衡的，与其平衡因子有关。如果每个节点的平衡因子都在-1~1 之间，则此树为平衡二叉树，否则此树就不是平衡的。对于一棵树来说，其平衡因子等于左子树的高度减去右子树的高度。如果树中一个节点的平衡因子为 1，则表明其左子树比右子树高一级；如果一个节点的平衡因子为 0，则表明其左子树和右子树拥有相同的高度；如果一个节点的平衡因子为-1，则表明其右子树比左子树高一级。例如，图 4-11 所示的二叉树，对于根节点来说，其左子树高度为 1、右子树高度为 3，其差值为-2，即根节点的平衡因子为-2，此二叉树不是一棵平衡二叉树。

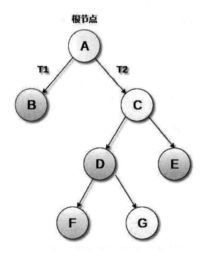

图 4-11　非平衡二叉树

当一棵平衡的二叉树也是二叉查找树时，其就是平衡二叉查找树。二叉查找树如果不是平衡的，则其查找效率会大大降低，在最极端的情况下，二叉树会退化成链表。例如，使用前面我们构造二叉查找树的方法将下面的数组构造成二叉树，其就会退化成链表：

```
class Node {
```

```swift
        var left:Node?
        var right:Node?
        var value:Int
        init(value:Int) {
            self.value = value
        }
    }
    func makeTree(array:Array<Int>) -> Node? {
        if array.count == 0 {
            return nil
        }
        let root = Node(value: array[0])
        for i in 1 ..< array.count {
            insert(value: array[i], node: root)
        }
        return root
    }
    func insert(value:Int, node:Node) {
        if node.value > value {
            if let l = node.left {
                insert(value: value, node: l)
            } else {
                node.left = Node(value: value)
            }
        }

        if node.value < value {
            if let r = node.right {
                insert(value: value, node: r)
            } else {
                node.right = Node(value: value)
            }
        }
    }
    var array = [1, 2, 3, 4, 5, 6, 7, 8]
    let node = makeTree(array: array)
```

因此，在构造二叉查找树时，如何保证二叉树的平衡非常重要。在二叉查找树的构造过程中，实际上就是依次向二叉树中插入元素，当二叉树中节点不超过 2 个时，其一定是平衡的，之后再插入元素就有可能打破二叉树的平衡，因此需要在插入节点后将不平衡的二叉树进行调整，使其重新变得平衡。

对二叉树进行平衡性调整是一件复杂的事情，首先需要写一个算法计算出二叉树各个节点的平衡因子。下面的方法用来计算二叉树某个节点的高度：

```
func high(tree:Node?) -> Int {
    if tree == nil {
        return 0
    }
    if tree?.left == nil && tree?.right == nil {
        return 1
    }
    var lHigh = 0
    var rHigh = 0
    if let l = tree?.left {
        lHigh = high(tree: l)
    }
    if let r = tree?.right {
        rHigh = high(tree: r)
    }
    if lHigh > rHigh {
        return lHigh + 1
    } else {
        return rHigh + 1
    }
}
```

能够计算二叉树节点的高度后，要获得某个节点的平衡因子，只需要让其左、右子树高度相减即可，代码如下：

```
func balance(tree:Node?) -> Int {
    return high(tree: tree?.left) - high(tree: tree?.right)
}
```

之后在构造二叉查找树的时候，每插入一个元素，都可以使用上面的方法对整棵树进行平衡性校验。如果打破了平衡，则需要重新调整。我们在下一小节将讨论如何调整二叉查找树的平衡。

## 4.4.6　构建平衡二叉查找树

构建平衡二叉查找树的重点是当向二叉树中插入一个节点后，如果打破了二叉树的平衡，则进行平衡性调整。每次向二叉树中插入元素后，我们都需要对每个节点进行平衡因子的检查，之后选择最小的不平衡子树进行调整，调整完成后重复整棵树的平衡因子检查，直到所有节点的平衡因子都在-1~1 之间，调整完成。

我们需要设计一个算法来计算出最小的不平衡子树。查找最小的不平衡子树思路非常简单，按照从上到下、从左到右的方式进行二叉树的遍历，最后遍历出的不平衡子树就是最小的不平衡子树。示例代码如下：

```swift
class Node {
    var left:Node?
    var right:Node?
    var value:Int

    init(value:Int) {
        self.value = value
    }
}
func makeTree(array:Array<Int>) -> Node? {
    if array.count == 0 {
        return nil
    }
    let root = Node(value: array[0])
    for i in 1 ..< array.count {
        insert(value: array[i], node: root)
        let b = checkBalance(node: root)
        print(b?.value)
    }
    return root
}
func insert(value:Int, node:Node) {
    if node.value > value {
        if let l = node.left {
            insert(value: value, node: l)
        } else {
            node.left = Node(value: value)
        }
    }

    if node.value < value {
        if let r = node.right {
            insert(value: value, node: r)
        } else {
            node.right = Node(value: value)
        }
    }
}
// 检查每个节点的平衡因子，返回最小的不平衡子树
func checkBalance(node:Node) -> Node? {
```

```
        var res:Node? = nil
        if abs(balance(tree: node)) > 1 {
            res = node
        }
        if let l = node.left {
            if let re = checkBalance(node: l) {
                res = re
            }
        }
        if let r = node.right {
            if let re = checkBalance(node: r) {
                res = re
            }
        }
        return res
    }
    func high(tree:Node?) -> Int {
        if tree == nil {
            return 0
        }
        if tree?.left == nil && tree?.right == nil {
            return 1
        }
        var lHigh = 0
        var rHigh = 0
        if let l = tree?.left {
            lHigh = high(tree: l)
        }
        if let r = tree?.right {
            rHigh = high(tree: r)
        }
        if lHigh > rHigh {
            return lHigh + 1
        } else {
            return rHigh + 1
        }
    }
    func balance(tree:Node?) -> Int {
        if tree == nil {
            return 0
        }
        return high(tree: tree?.left) - high(tree: tree?.right)
```

```
}
var array = [1, 2, 3, 4, 5, 6, 7, 8]
let node = makeTree(array: array)
```

运行代码，从打印信息可以看出随着二叉树的构建，最小的不平衡子树也在变化。

对一棵已经平衡的二叉树插入新节点，打破平衡时会有 4 种情况，如图 4-12 至图 4-15 所示。

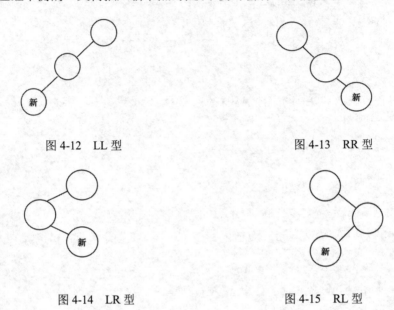

图 4-12  LL 型        图 4-13  RR 型

图 4-14  LR 型        图 4-15  RL 型

对于上面列举的 LL 型二叉树，将其调整平衡并不复杂，只需要对其进行一次 LL 旋转即可，如图 4-16 所示。

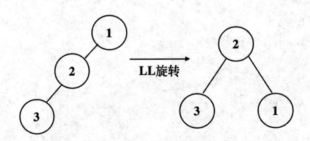

图 4-16  LL 旋转

如图 4-16 所示，LL 旋转的规则如下：

（1）将根节点的左节点取出，作为根节点（即图中的节点 2）。

（2）将原先根节点的左节点的右节点取出（如果有的话），保存并作为临时节点，用原先的根节点替换新的根节点的右节点（图 4-16 中将 1 节点连接到 2 节点的右节点位置）。

（3）将取出的临时节点拼接到原先根节点的左节点上。

使用代码描述 LL 旋转的过程如下：

```
func LL(node:Node) -> Node {
    let root = node.left
    let right = node.left?.right
    node.left = right
    root?.right = node
    return root!
}
```

RR 型二叉树的平衡处理与 LL 型类似，将其向与 LL 旋转相反的方向选择即可重新调整到平衡，过程规则如下：

（1）将根节点的右节点取出，作为根节点。

（2）将原先根节点的右节点的左节点取出（如果有的话），保存并作为临时节点，用原先的根节点替换新的根节点的左节点。

（3）将取出的临时节点拼接到原先根节点的右节点上。

对于 LR 型和 RL 型二叉树，它们的平衡调整要复杂一些，都需要进行两次旋转来完成。LR 型平衡调整步骤如图 4-17 所示。

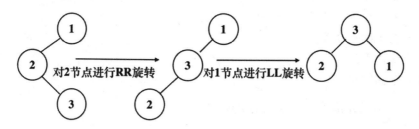

图 4-17 LR 旋转

其过程可以描述如下：

（1）将根节点的左节点先进行一次 RR 旋转，此时二叉树变为 LL 型不平衡二叉树。
（2）对根节点进行 LL 旋转。

示例代码如下：

```
func LR(node:Node) -> Node {
    let leftNode = RR(node: node.left!)
    node.left = leftNode
    return LL(node: node)
}
```

对于 RL 型二叉树的旋转操作与 LR 类似，过程如下：

（1）将根节点的右节点先进行一次 LL 旋转，此时二叉树变为 RR 型不平衡二叉树。
（2）对根节点进行 RR 旋转。

示例代码如下：

```
func RL(node:Node) -> Node {
    let rightNode = LL(node: node.right!)
    node.right = rightNode
    return RR(node: node)
}
```

# 4.5 回顾、思考与练习

本章介绍了许多常用的基础算法，这些基础算法是一个软件工程师的必修课，也是一个软件工程师编程要具备的基本功。本章介绍的算法主要分为 3 大块：查找算法、排序算法与树相关算法。

本章介绍了 7 种常用的查找算法：

- 顺序查找算法
- 二分查找算法
- 插值查找算法
- 斐波那契查找算法
- 二叉查找树查找算法
- 分块查找算法
- 哈希查找算法

对于排序，本章介绍了 8 种常用的算法：

- 冒泡排序算法
- 选择排序算法
- 快速排序算法
- 插入排序算法
- 希尔排序算法
- 桶排序算法
- 归并排序算法
- 堆排序算法

关于树，我们需要掌握一些基本的内容，主要是对树的构造和操作相关的算法：

- 树的遍历
- 树的构建
- 平衡树的旋转操作

## 4.5.1 回顾

本章的开头有几个思考问题，假设这些问题是技术面试时面试官提出的，试着做出自己的回答。查找和排序操作是计算机中的基础操作，不同的算法会有不同的适用场景，回想一下在之前的编程经历中有没有使用过哪种查找算法或排序算法、所使用的场景是否合适、是否需要优化。

　　树的概念较多，并且这种递归的结构在操作时也经常会使用到递归函数。除了本章介绍的内容外，树结构还有很多扩展，如果感兴趣，可以再查一些资料，深入学习一下。

## 4.5.2　思考与练习

　　1. 试着手写一下快速排序算法，然后分析一下你所写的算法的时间复杂度和空间复杂度。

　　2. 在本章示例的排序算法程序中，很多都采用了创建临时数组的方式来存放排序后的数据，试着使用就地排序的方式重构这些代码。

　　3. 试着阐述几种二叉树的应用场景。对于二叉树的构建算法，试着分析一下时间复杂度。

# 第5章

# 容易被忽略的语法雷区

无论是 Objective-C 语言还是 Swift 语言,其都有非常巧妙的设计思想与丰富的语法特性。在编写程序时,编程语言是最基础的工具,工具是否用得顺手会直接影响到所编写程序的效率与质量。另外,针对一种场景我们知道应该如何编写代码却从来没有深入想过为什么需要这样编写,此时我们对代码的把控能力将会大大降低,产生异常也将极难排查。在参加面试时,很多语言上的细节问题也常常会问倒应聘者,"老师傅栽跟头"也是常有的事——应聘者虽然编程经验丰富,却没有取得理想的面试成绩。

本章我们将着重从 iOS 编程语言的语法细节处着手,深入地讲解其工作机制与内部原理,帮助大家在编写代码时做到知其然,也知其所以然。其中包括 Obejctive-C 语言中的属性修饰符、引用计数、动态性与运行时等相关内容,也包括 Swift 语言中的 Optional 类型、闭包、协议与泛型等。

## 面试前的冥想

(1) 属性修饰符都有哪些? 它们的作用是什么?

(2) 引用计数是如何实现的? ARC 呢?

(3) 动态语言与静态语言的区别是什么?

(4) 点击 iOS 应用图标到应用启动,中间都发生了什么事?

(5) Swift 语言中的协议和泛型都很强大,强大在哪里?

(6) Swift 语言中的 Optional 类型的本质是什么?

(7) 说到 Block 与闭包,你能想到哪些内容?

## 5.1 Objective-C 中的属性

在 iOS 开发中,为类定义属性是开发者最常做的工作之一。属性的本质是为类定义成员变量并自动生成对应的 Getter 与 Setter 方法。然而你真的了解@property 定义属性时所做的事情吗？对于可用的属性修饰符的作用与区别，你都能够解释清楚吗？本节我们就一起来探索 Objective-C 中属性定义的方方面面。

## 5.1.1 @property 语法做了什么

在类的声明块中（@interface 语法块），可以使用@property 语法进行属性的定义，之后直接通过点语法对属性进行访问。我们知道，点语法的本质是调用 Getter 与 Setter 方法，Getter 与 Setter 方法用来对成员变量进行读取或赋值。因此，定义属性实际上是定义内部成员变量外加对应的 Getter 与 Setter 方法，只是编译器帮我们完成了大部分烦琐的工作。

例如，对一个类定义了如下属性：

```
@interface People : NSObject
@property NSString *name;
@property int age;
@end
```

这就相当于在 People 类的声明中定义了如下两套方法：

```
@interface People : NSObject
- (void)setAge:(int)age;
- (int)age;
-(void)setName:(NSString *)name;
- (NSString *)name;
@end
```

并且，在 People 类的实现中定义了命名为_name 和_age 的两个变量，并对它们的 Getter 方法与 Setter 方法进行了默认实现：

```
@implementation People
{
    NSString __strong *_name;
    int _age;
}
- (NSString *)name {
    return _name;
}
- (void)setName:(NSString *)name {
    _name = name;
}
- (int)age {
    return _age;
}
- (void)setAge:(int)age {
```

```
    _age = age;
}
@end
```

注意，属性自动生成的内部成员变量是以下划线开头的，这是 Objective-C 语言的代码书写规范，默认将内部不对外公开的成员变量以下划线开头方便开发者对代码的阅读和理解。在声明成员变量的时候，对象类型需要进行内存管理，因此需要对其引用方式进行设置，例如 __strong 声明的变量将对对象进行强引用。在使用属性自动生成成员变量时，也可以对其进行修饰，后面会详细介绍属性修饰符的相关内容。

前面我们说@property 的作用不仅声明了 Getter 和 Setter 方法，也对它们进行了实现。这种说法其实并不准确，在低版本的 Xcode 中，@property 的作用其实只是声明，在类的实现中还需要使用@synthesize 关键字来指定实现。高版本的 Xcode 帮我们完成了这一步骤，@synthesize 可以理解为合成器，我们可以命名一个成员变量，然后将属性声明的方法绑定到这个成名变量上。使用@synthesize，可以为内部成员变量指定任意的名字，例如：

```
@interface People : NSObject
@property NSString *name;
@property int age;
@end

@implementation People
@synthesize name = _newName;
@synthesize age = _newAge;
- (void)func {
    NSLog(@"%@", _newName); // 内部生成的成员变量名字为 _newName
}
@end
```

在大多数情况下都不需要使用@synthesize 来指定成员变量名称合成 Getter 和 Setter 方法，但有一种场景例外，如果在类的实现中重写了某个属性的 Getter 方法同时也重写了 Setter 方法，则编译器不会再自动帮我们生成成员变量，需要开发者使用@synthesize 手动指定。

与属性相关的关键字还有@dynamic，这个关键字的作用是告诉编译器禁止属性自动实现 Getter 与 Setter 方法，即如果与@property 关键字配套使用了@dynamic 关键字，则相当于只声明了方法但并没有自动进行实现，此时开发者需要自己提供对应的 Getter 方法和 Setter 方法，否则当使用点语法对这些属性进行访问时会产生运行时的异常。@dynamic 的指定方式如下：

```
@implementation People
@dynamic name, age;
@end
```

现在，你是否对 Objective-C 中的属性有了更深的认识？后面我们将更进一步探讨与属性相关的修饰符的意义与用法。

## 5.1.2　属性修饰符

通常，在@property 声明属性时，我们会对此属性指定一些修饰符。修饰符可以更好地对属性的行为进行描述，示例如下：

```
@property (nonatomic, copy) NSString *name;
@property (nonatomic, assign) int age;
```

上面的 nonatomic 修饰此属性为非原子性的，即不保证访问时的线程安全，copy 和 assign 用来修饰此属性的 Setter 方法的语义，后面会分别进行介绍。

目前，可用的属性修饰符可以分为如下几类：

● Setter 方法语义类：assign，weak，copy，retain，strong，unsafe_unretained。
● 访问器方法名类：getter, setter。
● 可写性描述类：readonly，readwrite。
● 原子性描述类：atomic，nonatomic。
● 为空性描述类：nullable，nonnull，null_resettable，null_unspecified。

上面列举的 5 类修饰符各有用途，它们将会影响自动生成的代码的方式以及编译器的行为。

## 5.1.3　Setter 方法语义类修饰符

Setter 方法语义类修饰符包括 assign、weak、copy、retain、strong 和 unsafe_unretained 这 6 种，它们是互斥的，即一个属性只能选择其中一个修饰符进行修饰。这类修饰符用来描述 Setter 方法的执行行为，即对属性赋值时对象的所有权问题。

assign 是默认的选项，如果我们不为属性指定 Setter 方法语义修饰符，则其默认将使用 assign 进行修饰。此修饰符指定当对属性进行赋值时，进行简单赋值，即不做任何内存方面的管理，这个修饰符通常用来修饰非对象的基本数据类型，如 int、CGReact 等。

weak 修饰符指定在对属性进行赋值时，对原对象进行弱引用，即不修改原对象的引用计数。并且，对于使用 weak 修饰符修饰的属性，当原对象被释放时，此属性指针也会被默认设置为 nil，这是 weak 与 assign 的重要区别。

copy 修饰符指定在对属性进行赋值时，对原对象进行复制操作，并对此属性之前引用的值发送 release 消息。此属性修饰符只能用在实现了 NSCoping 协议的类型上，例如 NSString 类型。

retain 修饰符只能用于非 ARC 的环境下，使用它修饰的属性在进行赋值时会向原对象发送 retain 消息，也会对属性之前引用的值发送 release 消息。

strong 修饰符修饰的属性在赋值时将会对原对象进行强引用。这个修饰符只能用于对象类型的属性，会增加原对象的引用计数。

unsafe_unretained 修饰符也是用于对象类型的属性修饰，并且也表示对原对象进行弱引用，与 weak 不同的是，unsafe_unretained 修饰的属性指针在原对象被释放后并不会置为空值 nil，即此指针有可能成为野指针，这也就是说 unsafe_unretained 相较于 weak 是不安全的。从作用上看，unsafe_unretained 修饰符与 assign 修饰符的表现基本是一样的，它们的区别只在于语义：

assign 用于简单的数据类型，unsafe_unretained 用于对象类型。

在面试时，关于属性的 Setter 方法语义修饰符，最常被问到的问题就是它们之间的区别，其中 weak 与 assign 的区别最容易被混淆，这里要格外注意。

### 5.1.4　访问器名称相关的修饰符

与访问器名称相关的修饰符有 setter 和 getter。这两个修饰符允许开发者对自动生成的 Setter 和 Getter 方法的名称进行自定义，例如：

```
@property (copy, setter = setNameValue:, getter = getNameValue ) NSString *name;
```

上面的示例代码将 name 属性的 Setter 方法名称设置为了 setNameValue:、将 Getter 方法的名称设置为了 getNameValue，之后需要访问属性时将使用自定义的方法名，例如：

```
[p setNameValue:@"Jaki"];
NSString *name = p.getNameValue;
```

在自定义访问器名称时要注意，对于只读的属性是不能自定义 Setter 方法名的，否则会产生警告。

### 5.1.5　可写性相关的修饰符

可写性是指某个属性是否可以支持重写或者只能读而不能写。可写性相关的修饰符有 readonly 和 readwrite，如果不特殊指定可写性相关的修饰符，则默认为可读可写，即 readwrite。

可写性修饰符并不会影响自动生成成员变量的方式，而是决定了是否生成 Setter 方法。如果使用 readonly 修饰符进行修饰属性，则相当于只声明了 Getter 方法，而没有声明 Settter 方法，在类的内部，依然可以使用直接访问成员变量的方式对成员变量进行赋值，但是在类的外部，因为没有 Setter 方法，所以只能对属性进行获取，不能对属性进行赋值。修饰为 readwrite 的属性既会生成 Getter 方法也会生成 Setter 方法。

### 5.1.6　原子性相关的修饰符

原子性相关的修饰符有 atomic 和 nonatomic。若不指定原子性相关的修饰符，则默认为 atomic。所谓原子性修饰符，其指定在对属性进行访问时是否是原子性的，即是否多线程安全。这里所谓的多线程安全是指对属性的访问是同步的，简单来说，就是在生成 Getter 和 Setter 方法时，方法的起始处会被加锁、结束处会被解锁，类似下面的代码：

```
@implementation People
{
    NSLock * _lock;
}
- (instancetype)init {
    self = [super init];
    if (self) {
        _lock = [[NSLock alloc] init];
```

```
    }
    return self;
}
- (void)setName:(NSString *)name {
    [_lock lock];
    _name = [name copy];
    [_lock unlock];
}
@end
```

注意，由于原子性的属性采用了加锁的方式处理多线程访问问题，因此其性能会略差，并且也不再允许开发者对 Setter 或 Getter 方法进行重写，否则会产生编译时的警告。

## 5.1.7　为空性相关的修饰符

为空性属性修饰符是 Xcode 6.3 之后引入的新特性。为空性修饰符有 nullable、nonnull、null_resettable、null_unspecified 这 4 种。Apple 之所以引入为空性修饰符，主要有如下两方面的考虑。

首先，Swift 中引入了 Optional 类型的概念，即开发者需要明确地指定所定义的变量是否可以为空，在 Objective-C 中是没有 Optional 概念的，因此在早期的 Swift 与 Objective-C 混编时，编译器会默认将 Objective-C 中的属性都转换成不可为空的非 Optional 类型，这会造成一些语义上的问题。

其次在 Objective-C 中，通过引入为空性修饰符也使得属性的使用更加安全。对于开发者明确确定不能为空的属性，如果设置为了空值，则编译器会生产警告提示，使得开发者出错的概率减小。

为空性修饰符只能用来修饰对象类型的属性，对于基本类型，如果使用为空性修饰符进行修饰会产生编译时异常。

nullable 修饰符指定属性的值可以为空值 nil。

nonnull 修饰符指定属性的值不可为空，如果将被 nonnull 修饰的属性设置为了 nil，则会产生警告。警告的内容如下：

```
Null passed to a callee that requires a non-null argument
```

null_resettable 是一个比较特殊的为空性修饰符，其表示被修饰的属性可以设置为 nil 值，但是在使用 Getter 方法对属性进行取值时，其将永远不会返回空值。如果使用 null_resettable 修饰了属性，则我们必须对 Setter 方法进行重写，保证设置时成员变量的值不为空。或者重写 Getter 方法保证获取时始终不返回为空的值，例如重写 Setter 方法：

```
- (void)setName:(NSString *)name {
    _name = name ?: @"";
}
```

或者重写 Getter 方法：

```
- (NSString *)name {
    return _name ?: @"";
}
```

null_unspecified 修饰符表示被修饰的属性为空性不确定，编译器不做特殊处理。

大多数情况下，为了更加安全地编程，属性的为空性大多需要设置为不可为空。我们可以通过两个宏来将它们内部定义的所有属性都统一修饰为 nonnull 类型，示例如下：

```
NS_ASSUME_NONNULL_BEGIN
@interface MyObject : NSObject
@end
NS_ASSUME_NONNULL_END
```

在 NS_ASSUME_NONNULL_BEGIN 宏和 NS_ASSUME_NONNULL_END 宏之间声明的所有属性都将添加 nonull 修饰。

## 5.2　深入理解引用计数技术

引用计数是 Objective-C 中一种高效的内存管理方式。简单理解，对于 Objective-C 中的对象，每个对象都有属于自己的计数器。这个计数器表示对象被引用的次数，如果此计数器的值不为 0，则表示当前对象依然是有效的对象，如果计数器的值变成了 0，则表示对象已经不再被任何其他对象引用，即此对象不再被需要，会被当成内存垃圾进行回收。引用计数是 Objective-C 中管理对象生命周期的基本方式。

### 5.2.1　手动引用计数

在很早的 Xcode 版本中是不支持自动引用计数技术的，对于当时的开发者来说，对象的生命周期需要开发者手动进行管理。自动引用计数更多的是一种编译时的技术，在最新版本的 Xcode 中，我们依然可以通过一些配置将自动引用计数功能关闭，或者将对某些文件的自动引用计数关闭。

在 Xcode 的 Build Settings 选项中将 Objective-C Automatic Reference Counting 设置为 No 即可，如图 5-1 所示。

图 5-1　关闭工程的自动引用计数功能

整个工程关闭了自动引用计数功能时，依然可以指定某些文件在编译时使用自动引用计数功能。同样，如果整个工程开启了自动引用计数功能，也可以配置某些文件使用手动引用计数，在文件的编译参数中加入-fno-objc-arc 即可，如图 5-2 所示。

图 5-2　进行 ARC 与非 MRC 混编

在 MRC 中，约定一些规范与规则是非常重要的。首先，MRC 手动管理引用计数需要遵守下面几个原则：

（1）自己生成的对象，自己持有

自己生成的对象也有一些规则约束，规定以使用 alloc、new、copy、mutableCopy 这 4 个关键字创建的对象为自己生成的对象。

（2）自己强引用的对象，自己也可以持有

己强引用的对象是指在赋值时使用 retain 关键字增加了引用计数的对象。

（3）谁持有对象，在对象不需要使用时由谁负责释放

只要牢记上面的 3 条手动内存管理的基本原则，在手动管理引用计数时，对于不需要再使用且是被自己持有的对象，需要手动调用 release 方法进行释放。

下面的示例代码是 MRC 中最常见的内存管理逻辑：

```
int main(int argc, const char * argv[]) {
    NSObject *obj = [[NSObject alloc] init];
    NSObject *obj2 = [obj retain];
    [obj release];
    [obj2 release];
    return 0;
}
```

从引用计数上分析，上面的代码首先使用 alloc 方法创建了 NSObject 类的实例对象，根据手动管理引用计数的原则，此时对象的引用计数为 1；当将 obj 对象赋值给 obj2 变量时，调用 retain 方法进行了强引用，此时对象的引用计数为 2；之后在函数的结尾处，obj 和 obj2 变量都需要进行释放操作将引用计数降为 0，内存被回收。

手动内存管理也可以配合自动释放池进行使用，有关自动释放池的详细内容，后面会深入介绍。

关于手动内存管理，还有两个细节需要注意，一般情况下，如果一个变量不再引用对象，除了要进行释放外，为了保证安全，还会将变量的指针设置为 nil。另一个细节是关于 retainCount 属性的。Objective-C 的对象都有 retainCount 属性，这个属性虽然在 MRC 下可用，

但是其获取的对象当前的引用计数并不准确，不能使用它作为评判对象引用计数的标准。

## 5.2.2 初步了解自动引用计数的原理

手动进行内存引用计数的管理，在代码中无可避免地要插入大量的 retain 和 release 相关代码，既增加了开发者的工作量，也很容易出现由于人为原因产生的内存管理问题。自动引用计数就是为了解决这些问题而产生的编译计数。

自动引用计数又被称为 ARC（Automatic Reference Counting），后面我们都将使用简称 ARC 来表示自动引用计数。简单来说，ARC 技术就是在编译时帮助开发者自动插入 retain 和 release 等这些代码，帮助开发者自动进行内存引用计数的增减。虽然功能简单，但是 ARC 的核心原理却并不简单。首先，其不是简单地调用 retain、release 这些方法，而是使用更底层的 C 语言方法来管理引用计数，提高性能。其次，ARC 中在声明变量时，都会标明其所有权资格，我们在学习属性修饰符时，其中很多属性修饰符其实就是控制在 ARC 环境下内部生成的成员变量的所有权资格。

在 ARC 中，用来修饰所有权资格的关键字有如下几种：

- __autoreleasing
- __strong
- __unsafe_unretained
- __weak

这些所有权资格关键字都十分容易理解：__autoreleasing 修饰的变量赋值后会被 ARC 处理成自动释放对象；__strong 修饰的对象被 ARC 处理后引用计数会增加，在离开作用域后引用计数会减少；__unsafe_unretained 和 __weak 都用来描述弱引用，和属性修饰符中对应的关键字意义相同。

默认情况下，声明的对象变量都是用 __strong 进行修饰的，下面两种写法实际上是等效的：

```
NSObject *obj1 = [[NSObject alloc] init];
__strong NSObject *obj2 = [[NSObject alloc] init];
```

要了解 ARC 在编译时做了什么，可以通过查看编译的中间码来一窥究竟。首先，改写工程的 main.m 文件如下（只写最精简的部分）：

```
#import <Foundation/Foundation.h>
int main(int argc, const char * argv[]) {
    NSObject *obj1 = [[NSObject alloc] init];
}
```

使用终端，进入 main.m 文件所在的目录，执行下面的 clang 编译命令：

```
clang -S -fobjc-arc -emit-llvm main.m -o main.ll
```

之后，会在当前文件夹下生成一个命名为 main.ll 的文件，其中内容很多，与 main 函数相关的中间码如下：

```
define i32 @main(i32, i8**) #0 {
  %3 = alloca i32, align 4
  %4 = alloca i8**, align 8
  %5 = alloca %0*, align 8
  store i32 %0, i32* %3, align 4
  store i8** %1, i8*** %4, align 8
  %6 = load %struct._class_t*, %struct._class_t**
@"OBJC_CLASSLIST_REFERENCES_$_", align 8
  %7 = bitcast %struct._class_t* %6 to i8*
  %8 = call i8* @objc_alloc(i8* %7)
  %9 = bitcast i8* %8 to %0*
  %10 = load i8*, i8** @OBJC_SELECTOR_REFERENCES_, align 8, !invariant.load !9
  %11 = bitcast %0* %9 to i8*
  %12 = call i8* bitcast (i8* (i8*, i8*, ...)* @objc_msgSend to i8* (i8*,
i8*)*)(i8* %11, i8* %10)
  %13 = bitcast i8* %12 to %0*
  store %0* %13, %0** %5, align 8
  %14 = bitcast %0** %5 to i8**
  call void @llvm.objc.storeStrong(i8** %14, i8* null) #2
  ret i32 0
}
```

上面有关 main 函数的中间码依然非常杂乱，但是可以从中找到几个有意义的函数调用：

```
main {
  @objc_alloc
  @objc_msgSend
  @llvm.objc.storeStrong(i8** %14, i8* null)
}
```

可以发现，main 函数中基本做了三件事：第一步使用 objc_alloc 来给对象开辟内存，即对应代码中的[NSObject alloc]；第二步调用一个运行时的方法，即对应代码中的 init 初始化方法；第三步调用运行时的 storeStrong 方法，其中第二个参数传入了 null 值，和我们的源代码进行对比分析，可以推断 storeStrong 函数就是由 ARC 帮我们调用的，事实的确如此。在官方的 ARC 技术文档中，可以找到 storeStrong 函数的简要实现原理：

```
void objc_storeStrong(id *object, id value) {
  id oldValue = *object;
  value = [value retain];
  *object = value;
  [oldValue release];
}
```

可以看到，强引用的主要作用就是将旧值进行释放，并将新值使用 retain 增加引用计数。

如果对象是被弱引用的，那么创建的对象离开其作用域后会被立刻释放，例如：

```
int main(int argc, const char * argv[]) {
    __weak NSObject *obj1 = [[NSObject alloc] init];
}
```

上面演示的是一种非常极端的情况，obj1 变量根本没有办法使用，因为其是弱引用的，当对象被创建出来后立刻就释放了。上面示例代码的中间码可简化如下：

```
main {
  @objc_alloc
  @objc_msgSend
  @llvm.objc.initWeak
  @llvm.objc.release
  @llvm.objc.destroyWeak
}
```

其中，initWeak 函数的作用是将对象注册为弱引用对象，之后对象释放，最后调用 destroyWeak 将对象从弱引用表中注销。

对于更多种内存管理场景，ARC 也都是采用相似的原理，通过运行时的一系列函数来进行强弱引用的管理。

## 5.2.3 自动释放池

自动释放池提供了一种延迟调用对象 release 方法的途径，即延迟对象的释放操作。其实，延迟释放在开发中起着非常重要的作用。在前面的小节中有提到，对于自动引用计数的管理有几条原则，其中很重要的一条是使用 alloc、new、copy、mutableCopy 关键字生成的对象自己持有，需要在对象不再被需要时手动释放。在 Cocoa 框架中，还有很多创建对象的方法并没有用到这些关键字，例如通过类方法生成的对象，那么这些对象的释放是由谁管理的呢？例如：

```
NSArray *array = [NSArray arrayWithObjects:@"1", @"2", nil];
```

在非 ARC 的环境下，类似上面的类方法创建的对象实际上都被添加了 autorelease 调用：

```
NSArray *array = [[[NSArray alloc] init] autorelease];
```

在 ARC 环境下，开发者不能手动调用 autorelease 方法，但是编译器代替开发者自动做了类似的工作。当我们新建一个 iOS 工程时，在 main 函数中可以看到程序的入口代码是包在一个自动释放池里面的。ARC 环境下的自动释放池写法如下：

```
@autoreleasepool {
}
```

在自动释放池的这个中括号内，所有调用了 autorelease 方法的对象都不会立刻释放，而是会被加入自动释放池中。当自动释放池结束将要销毁时，会对其中所有的对象都调用一次 release 方法进行释放。

对于基于 UI 的 iOS 程序，NSRunLoop 对象的每次循环开始前都会自动创建一个自动释放池，在循环运行结束后会将这个自动释放池销毁，因此，在日常的开发中一般我们都不需显式使用 aotureleasepool，调用了 autorelease 方法的对象会被自动放入 NSRunLoop 创建的自动释放池。

如果使用 clong 将自动释放池编译成中间码，可以发现，自动释放池的实质是在开始处调用了 autoreleasePoolPush 方法，而在自动释放池结束时调用了 autoreleasePoolPop 方法。autoreleasePool 是由一个个 autoreleasePoolPage 组成的双向链表。通过观察 runtime 的源码，可以发现其实 autoreleasePoolPage 本身是一个栈结构，其中默认存放了一些基础属性，例如组成链表的子节点与父节点、链表深度、当前栈指针等。一个 autoreleasePoolPage 结构的大小通常为 4096 个字节，当当前栈存满后，会创建一个新的 autoreleasePoolPage 连接到链表上，将之后的自动释放对象放入这个新的 autoreleasePoolPage 中。整个双向链表的结构可以简化成图 5-3 所示。

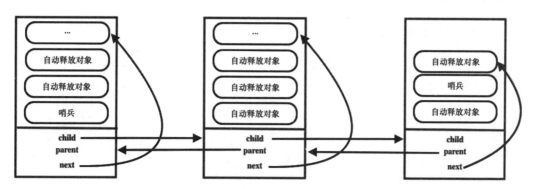

图 5-3　AutoreleasePool 结构图

在本节的开头我们提到，自动释放池的实质是在开始处调用了 autoreleasePoolPush 方法，而在结束时调用了 autoreleasePoolPop 方法。其实 push 方法的作用是向这个双向链表结构的当前 autoreleasePoolPage 中插入哨兵对象，pop 方法的作用是将插入的哨兵对象后的所有自动释放对象进行 release 操作。通过这种方式，自动释放池可以方便地进行嵌套。自动释放池的工作流程如下：

（1）在自动释放池的开始创建 Page 结构，插入哨兵对象。

（2）在自动释放池内部调用 autorelease 方法的对象被依次插入当前 Page 栈中。

（3）如果当前 Page 栈已满，就创建新的 Page 结构，组成双向链表，继续插入自动释放对象。

（4）如果创建了新的内部自动释放池，在当前位置再次插入一个哨兵对象。

（5）当内部的自动释放池结束时，根据对应的哨兵对象将其内的所有自动释放对象释放。

（6）外部自动释放池结束时，根据对应的哨兵对象将其内所有的自动释放对象释放。

在技术面试中，自动释放池也是经常会被考查的一个知识点。理解了其工作原理，就可以更好地对其进行使用，通常在 ARC 环境下，有循环生成大量对象的操作时，可能会引起内存的急剧增加，可以通过手动创建一个内部的自动释放池来解决问题。

# 5.3　Objective-C 中的 Block

Block 是 Objective-C 语言中一类特殊的对象，Objective-C 的函数式编程也是通过 Block 实现的，从表现上看，Block 的作用与函数类似，只是其使用时更加灵活，可以像变量一样进行传递。

在技术面试中，Block 也是很重要的一个考查点。Block 的变量捕获、内存管理等问题都是十分容易被开发者忽略的。本节将针对 Block 的这些核心内容切入点为读者进行与 Block 相关的更深入内容的介绍。

## 5.3.1　Block 的类型

Block 的实质是什么，这其实并非一个简单的问题。看上去，Block 像是一段代码块，可以像函数一样进行调用。例如：

```
void(^b)(void) = ^(){
    NSLog(@"Block");
};
b();
```

运行时，在控制台可以看到输出了 Block 中代码的打印信息。Block 的定义与函数非常类似，在定义函数时要明确参数与返回值，Block 也是一样的。一个完整的 Block 结构如下：

```
{Rtype} (^{name})({params})
```

其中，Rtype 为返回值的类型，name 为定义的 Block 变量的名字，params 为参数列表，参数列表的定义方式与函数一致。

Block 其实也是 Objective-C 中的一种对象，使用下面的代码可以将 Block 对象的所属类及继承链中的类打印出来：

```
- (void)viewDidLoad {
    [super viewDidLoad];
    void(^b)(void) = ^(){
        NSLog(@"Block");
    };
    b();
    id a = [b class];
    while (a) {
        NSLog(@"%@", a);
        a = [a superclass];
```

```
        }
    }
```

控制台输出如下：

```
__NSGlobalBlock__
__NSGlobalBlock
NSBlock
NSObject
```

可以看到，我们创建的局部 Block 变量本身是属于 \_\_NSGlobalBlock\_\_ 类的，而其最终也是继承自 NSObject 类，因此可以明确 Block 与普通的 Objective-C 对象并无本质区别。

Objective-C 中的 Block 有 3 种类型，分别是 \_\_NSGlobalBlock\_\_ 、 \_\_NSStackBlock\_\_ 和 \_\_NSMallocBlock\_\_ 。

\_\_NSGlobalBlock\_\_ 类型的 Block 又被称为全局 Block，类似于我们创建的函数，会被存放在内存区域中的数据区。前面章节有介绍 iOS 程序的内存分布，数据区用来存放全局的变量。

\_\_NSStackBlock\_\_ 类型的 Block 又被称为栈 Block，被存放在内存区域中的栈区。当一个作用域结束后，与之相关的栈中的数据都会被清理，因此对于栈 Block，超出了其所在的作用域就会被回收。

\_\_NSMallocBlock\_\_ 类型的 Block 又被称为堆 Block，堆中的 Block 与 Objective-C 对象一样，内存是否释放会受到引用计数的管理。当对一个栈 Block 进行 copy 操作时，就会创建出堆 Block。

在不同场景下创建的 Block，其类型也会不同。

首先，如果在 Block 内部没有使用到局部变量，则此 Block 会被创建为全局的 Block，即 \_\_NSGlobalBlock\_\_ 类型，例如上面示例中创建的 Block。有一点需要注意，Block 对象本身可以是局部的也可以是全局的，Block 对象内部可以使用静态变量也可以使用全局变量，只要不使用局部变量，此 Block 就是全局 Block。例如，下面的 Block 对象就是全局的 Block：

```
@implementation ViewController
int count = 10;
void(^b)(void);
- (void)viewDidLoad {
    [super viewDidLoad];
    static NSString *string = @"hello";
    b = ^(){
        NSLog(@"%d, %@", count, string);
    };
    b();
}
@end
```

如果在 Block 内部有使用到局部变量，则此时创建的 Block 为栈 Block。注意，在 ARC 环境下，编译器会自动对栈 Block 进行复制操作，使其变成堆 Block，我们可以在非 ARC 环境下进行测试。将 Xcode 的编译选项修改为非 ARC 环境，编写如下代码：

```
@implementation ViewController
int count = 10;
void(^b)(void);
- (void)viewDidLoad {
    [super viewDidLoad];
    NSString *string = @"hello";
    b = ^(){
        NSLog(@"%@", string);
    };
    b();
}


- (void)viewWillAppear:(BOOL)animated {
    [super viewWillAppear:animated];
    b();
}
@end
```

在 MRC 环境下运行上面的代码会产生野指针异常，由于我们在创建 Block 对象时使用了局部变量 string，因此此 Block 会被存储在栈内。当 viewDidLoad 函数结束时，其中的变量都会被回收，此栈 Block 也会销毁，虽然使用了全局指针，但是此时指针变成野指针，在 viewWillAppear 方法中再次调用此 Block 会产生异常。

要解决上面的野指针问题其实非常容易，只需要对栈 Block 进行一次 copy 操作即可（ARC 环境下，编译器会帮我们做这个 copy 操作），此时 Block 就变成堆 Block，例如：

```
@implementation ViewController
int count = 10;
void(^b)(void);
- (void)viewDidLoad {
    [super viewDidLoad];
    NSString *string = @"hello";

    b = [^(){
        NSLog(@"%@", string);
    } copy];
    b();
}
- (void)viewWillAppear:(BOOL)animated {
    [super viewWillAppear:animated];
    b();
}
```

```
@end
```

## 5.3.2　Block 中变量的捕获

在 Block 中如果使用到了外部的变量，则会对外部的变量进行捕获。在不同的场景下，Block 对变量的捕获方式也会不同。

如果在 Block 中使用了全局变量或静态变量，Block 会直接对其进行访问，并不会做其他额外的操作，例如：

```
#import "ViewController.h"
int a = 10;
@interface ViewController ()
@property (nonatomic, copy) void(^block)(void);
@end
@implementation ViewController
- (void)viewDidLoad {
    [super viewDidLoad];
    NSLog(@"%p", &a);
    self.block = ^(){
        NSLog(@"%p", &a);
        a = 20;
    };
    self.block();
    NSLog(@"%d", a);
}
@end
```

运行上面的代码，控制台打印如下：

```
0x10e0a56a8
0x10e0a56a8
20
```

从打印信息可以看到，在 Block 外部和内部使用的全局变量 a 的地址相同，即它们实际是同一个变量，在 Block 内部可以对其进行访问与修改。很多开发者认为 Block 会对内部用到的所有外部变量进行复制，这是一种误区，在 Block 内部使用全局变量或静态变量就是一个反例。

如果在 Block 中使用到了局部变量（也称为自动变量），则 Block 会对其进行复制：如果所使用到的变量是值类型的，则会直接复制值；如果所使用的变量是引用类型的，则会复制引用。示例如下：

```
- (void)viewDidLoad {
    [super viewDidLoad];
    int b = 10;
    NSArray *array = @[[NSObject new]];
```

```
    NSLog(@"%p, %p", &b, &array);
    self.block = ^(){
        NSLog(@"%p, %p", &b, &array);
//      b = 20;              // 这行代码会编译出错
//      array = @[];     // 这行代码会编译出错
    };
    self.block();
}
```

运行代码，在控制台中的打印效果如下：

```
0x7ffeeab89c5c, 0x7ffeeab89c50
0x600002b8ba18, 0x600002b8ba10
```

在 Block 内部尝试对外部的局部变量进行修改时，会产生编译错误，这是编译器为我们提供的一种错误预警，因为在 Block 内部的变量已经和外部的变量不再是同一个变量。注意，这里说的不可修改是指变量本身，对于变量引用的对象，如果对象可以修改（例如可变数组），在 Block 内部依然可以对其进行操作。

在 ARC 环境下，栈 Block 会被自动复制成堆 Block。在这种情况下，被捕获的指针变量也会根据修饰符的情况进行内存管理，对于 __weak 修饰的变量，Block 内部不会对其进行强引用，它的引用计数不变，但是当外部变量被释放后，Block 内部的变量也将不可用。对于 __strong 修饰的变量，则 Block 内部会对其进行强引用，增加其引用计数，当 Block 对象本身被释放时，其内部捕获的这类变量也都会被调用 release 和释放。

## 5.3.3    __block 关键字

在 Block 内部对外部的局部变量本身进行修改是不被允许的，那么如果需要在 Block 内部修改外面的局部变量怎么办呢？非常简单，只需要将局部变量声明成 __block 类型即可，示例代码如下：

```
- (void)viewDidLoad {
    [super viewDidLoad];
    __block int a = 10;
    self.block = ^{
        a = 20;
    };
    self.block();
    NSLog(@"%d", a);    // 20
}
```

对于使用 __block 修饰的变量，实际上会被包装成对象，这种操作有些类似于使用指针实现对值类型变量的修改，使用下面的代码也可以实现 Block 内部修改外部变量的值：

```
- (void)viewDidLoad {
```

```
    [super viewDidLoad];
    int *a = malloc(sizeof(int));
    *a = 10;
    NSLog(@"%p, %p", a, &a); // 0x600003a2c830, 0x7ffeeb4c9c68
    self.block = ^{
        *a = 20;
        NSLog(@"%p, %p", a, &a); // 0x600003a2c830, 0x600003603d70
    };
    self.block();
    NSLog(@"%d", *a);    // 20
    free(a);
}
```

# 5.4　iOS 程序开发中的 RunLoop

RunLoop 是 iOS 开发中的一个基础概念，也是 iOS 程序运行的根本。初学者往往来对
RunLoop 比较陌生。虽然在大部分的业务开发中都不会直接使用到 RunLoop，但是涉及多线
程开发或底层的 iOS 运行原理分析时，RunLoop 的作用就至关重要了。

RunLoop 又被称为运行循环，我们知道程序的执行是根据代码的逻辑顺序由前向后执行
的，但是在 iOS 程序中，应用并没有执行到某个结束点就停止，而是一直运行直到系统或用
户主动将程序关闭，这都是 RunLoop 的功劳。在 iOS 程序启动后，主线程会自动开启其对应
的 RunLoop，之后程序将进入一个无限循环中，每一次循环 RunLoop 都会对硬件接口的信号、
用户的操作信号以及页面刷新任务、开发者指定的任务进行处理。

## 5.4.1　线程与 RunLoop 的关系

RunLoop 是一种机制，正常的线程执行完任务后就退出，RunLoop 使得线程能随时处理
事件，在没有事件处理时并不退出而是进行休眠。RunLoop 这种机制是典型的事件循环机制，
其逻辑可以简单表述如下：

```
do {
    //处理各种事件消息
    msg = getMsg();
} while (mag = quite); // 收到线程结束消息 退出循环
```

在 Objective-C 中，RunLoop 也是一个对象，其管理需要处理的消息与任务，一旦 RunLoop
启动，线程将进入"接收消息被唤醒→处理消息→等待→接收消息被唤醒"的无限循环之中，
直到收到退出线程的消息。

在 iOS 开发中，线程与 RunLoop 是一一对应的，其对应关系会被存放在一个全局的字典
对象中。对于主线程来说，程序运行时，其会自动创建 RunLoop 并开启运行，开发者手动创

建的子线程并不是一开始就创建其对应的 RunLoop 对象，而是采用懒加载的方式，只有开发者操作这个 RunLoop 对象时才会被创建。因此，对于没有开启 RunLoop 的子线程，执行完本身的任务后就会关闭，例如：

```objc
@interface ViewController ()
@property (nonatomic, strong) NSThread *thread;
@end
@implementation ViewController
- (void)viewDidLoad {
    [super viewDidLoad];
    NSLog(@"主线程%@", [NSThread currentThread]);
    self.thread = [[NSThread alloc] initWithBlock:^{
        NSLog(@"子线程%@执行", [NSThread currentThread]);
    }];
    self.thread.name = @"子线程A";
    [self.thread start];
}
- (void)viewWillAppear:(BOOL)animated {
    [super viewWillAppear:animated];
    // 线程间通信，在指定线程中执行 log 方法
    [self performSelector:@selector(log) onThread:self.thread withObject:nil waitUntilDone:NO];
}
- (void)log {
    NSLog(@"在子线程A中执行");
}
@end
```

运行程序，就会发现 log 方法并没有被执行，其原因是当调用 NSThread 对象的 start 方法后，Block 中指定的任务会在当前子线程中直接执行，但是执行完成后线程会被关闭，之后再加入到此线程的任务都不会被执行。也可以尝试在子线程中直接开启定时器，会发现定时器的回调是不被执行的。修改上面代码的 viewDidLoad 方法如下：

```objc
- (void)viewDidLoad {
    [super viewDidLoad];
    NSLog(@"主线程%@", [NSThread currentThread]);
    self.thread = [[NSThread alloc] initWithBlock:^{
        NSLog(@"子线程%@执行", [NSThread currentThread]);
    [[NSRunLoop currentRunLoop] addPort:[NSMachPort new] forMode:NSDefaultRunLoopMode];
        [[NSRunLoop currentRunLoop] run];
    }];
    self.thread.name = @"子线程A";
```

```
    [self.thread start];
}
```

[NSRunLoop currentRunLoop]用来获取当前线程的 RunLoop 对象，调用 RunLoop 对象的 run 方法来启动运行循环，之后子线程将一直处于循环之中不再退出，除非手动调用线程的关闭方法。

关于多线程开发的面试常见问题会在后面的章节更加详细地介绍。当前只需要清楚线程与 RunLoop 是一一对应的，对于子线程来说只能在多线程内部获取与操作 RunLoop。

## 5.4.2　RunLoop 的运行机制

RunLoop 每次运行需要处理的事件分为 3 类：Observer 监听事件，Timer 定时器事件与 Source 输入源事件。其中，Source 输入源事件又可以分为 Source0 和 Source1：Source0 事件不会主动触发，需要将其标记为待处理之后手动唤醒 RunLoop 进行处理；Source1 事件会主动唤醒 RunLoop 进行处理，通常用来线程间通信和处理硬件接口的信号。Timer 事件特指定时器的回调，当定时器被添加进 RunLoop 时，会根据设置的定时器频率在 RunLoop 中注册一系列的时间点，当时间点到时会唤醒 RunLoop 进行事件处理。Observer 事件用来监听 RunLoop 状态的变化，当 RunLoop 状态变化时会触发对应的回调。

RunLoop 的完整运行过程如图 5-4 所示。

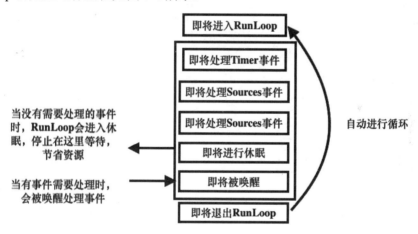

图 5-4　RunLoop 的运行过程

可以通过监听 RunLoop 状态的方式观察 RunLoop 的运行过程，示例代码如下：

```
@interface ViewController ()
@property (nonatomic, strong) NSThread *thread;
@end
@implementation ViewController
- (void)viewDidLoad {
    [super viewDidLoad];
    NSLog(@"主线程%@", [NSThread currentThread]);
    self.thread = [[NSThread alloc] initWithBlock:^{
```

```
            NSLog(@"子线程%@执行", [NSThread currentThread]);
            CFRunLoopObserverRef observer =
CFRunLoopObserverCreateWithHandler(CFAllocatorGetDefault(),
kCFRunLoopAllActivities, YES, 0, ^(CFRunLoopObserverRef observer,
CFRunLoopActivity activity) {
                switch (activity) {
                    case kCFRunLoopEntry:
                        NSLog(@"即将进入 runloop");
                        break;
                    case kCFRunLoopBeforeTimers:
                        NSLog(@"即将处理 Timer");
                        break;
                    case kCFRunLoopBeforeSources:
                        NSLog(@"即将处理 Sources");
                        break;
                    case kCFRunLoopBeforeWaiting:
                        NSLog(@"即将进入休眠");
                        break;
                    case kCFRunLoopAfterWaiting:
                        NSLog(@"从休眠中唤醒 loop");
                        break;
                    case kCFRunLoopExit:
                        NSLog(@"即将退出 runloop");
                        break;
                    default:
                        break;
                }
            });
        // 监听 RunLoop 的状态变化
        CFRunLoopAddObserver(CFRunLoopGetCurrent(), observer,
kCFRunLoopDefaultMode);
        // 添加一个端口，防止 RunLoop 没有任何信号源而关闭
        [[NSRunLoop currentRunLoop] addPort:[NSMachPort new]
forMode:NSDefaultRunLoopMode];
        [[NSRunLoop currentRunLoop] run];
    }];
    self.thread.name = @"子线程 A";
    [self.thread start];
}
- (void)touchesBegan:(NSSet<UITouch *> *)touches withEvent:(UIEvent *)event
{
    [self performSelector:@selector(log) onThread:self.thread withObject:nil
```

```
waitUntilDone:NO];
    }
    - (void)log {
        NSLog(@"在子线程 A 中执行%@", [NSThread currentThread]);
    }
@end
```

Apple 的官方文档中提供了一张图,很清晰地描述了 RunLoop 的运行机制,如图 5-5 所示。

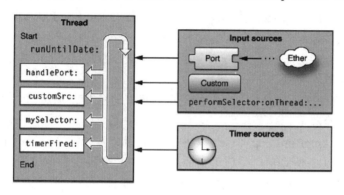

图 5-5　官方文档中介绍的 RunLoop 运行机制

回想一下,前面在学习自动释放池的时候提到,iOS 程序在运行后,系统会在主线程的 RunLoop 开启时默认创建自动释放池,RunLoop 即将结束时对自动释放池进行销毁,其实现原理就是监听了 RunLoop 的几个状态,在即将进入 RunLoop 时创建自动释放池,在即将进入休眠时销毁旧的自动释放池并创建新的,在 RunLoop 即将退出时再次销毁自动释放池。

还有一点需要注意,在子线程中直接创建定时器后,需要将其加入 RunLoop 才会执行,例如:

```
NSTimer *timer = [NSTimer timerWithTimeInterval:1 repeats:YES block:^(NSTimer
* _Nonnull timer) {
        NSLog(@"定时器执行");
}];
[[NSRunLoop currentRunLoop] addTimer:timer forMode:NSDefaultRunLoopMode];
```

在上面的代码中,使用到了 RunLoop 模式。不同模式的 RunLoop 适用于不同的场景,下一小节我们将讨论 RunLoop 各种模式的应用。

## 5.4.3　RunLoop 的模式

RunLoop 可以通过模式来筛选其要处理的事件,例如当用户正在对应用程序进行操作时,为了提高用户的体验,可以让 RunLoop 暂时停止对定时器等其他信号源的处理,只专注处理用户的手势交互。在开启 RunLoop 进行运行时,需要为其设置一种模式,之后向此模式中添加信号源,Cocoa 框架中内置了几种 RunLoop 的模式,当调用 run 方法运行 RunLoop 时,其默认为 NSDefaultRunLoopMode 模式。

在 Cocoa 框架中，RunLoop 的模式被定义为 NSRunLoopMode 类型，其实这个类型是 NSString*字符串类型的别名，具体如下：

```
typedef NSString * NSRunLoopMode;
```

因此，在运行 RunLoop 时，开发者也可以根据需要传入自定义的字符串来自定义 RunLoop 的运行模式。

Cocoa 框架中内置的 RunLoop 运行模式有如下几种：

- NSDefaultRunLoopMode：默认模式，当主线程的 RunLoop 启动时，其是以这种模式运行的，大多数操作都将在此模式中处理。
- NSConnectionReplyMode：系统使用此模式处理 NSConnection 相关的信息，开发者不需要使用到这个模式。
- NSModalPanelRunLoopMode：系统使用此模式进行模态面板事件处理，开发者不需要使用到这个模式。
- NSEventTrackingRunLoopMode：当用户与应用交互时，主线程的 RunLoop 会切换成这个模式，这个模式专门处理用户的交互输入，会阻止其他事件的处理。
- NSRunLoopCommonModes：这是一种聚合的模式，开发者将信号源添加到这个模式中，则其内部聚合的各个模式都会自动添加这个信号源。例如，将定时器信号源添加到这个模式中，不论 RunLooop 是运行在 NSDefaultRunLoopMode 模式还是 NSEventTrackingRunLoopMode 模式，定时器事件都会被处理。

关于 RunLoop 的模式，在日常开发中最容易接触到的场景就是在有定时器任务的界面中，如果同时存在列表组件，当用户滑动列表的时候定时器会停止。最简单的处理方式是将定时器加入到 RunLoop 的 NSRunLoopCommonModes 模式中，具体如下：

```
NSTimer *timer = [NSTimer scheduledTimerWithTimeInterval:1 repeats:YES
block:^(NSTimer * _Nonnull timer) {
    NSLog(@"Timer");
}];
[NSRunLoop currentRunLoop] addTimer:timer forMode:NSRunLoopCommonModes];
```

## 5.5  Objective-C 语言的消息机制与运行时

Objective-C 是一种动态语言，因此其很多行为是在运行时决定的。对于静态语言来说，函数的调用在编译时就已经确定。动态语言则不然，动态语言通过一些巧妙的机制使得函数的真实调用是在运行时决定的，即动态语言的特点是将一些决定性的工作从软件的编译时延迟到了软件的运行时。Objective-C 主要是运用消息机制实现运行时特性。

Objective-C 的消息机制与运行时技术也是面试时经常被考查的知识点。本节我们将系统地介绍 Objective-C 语言的消息传递、消息转发机制，并结合运行时的应用帮助读者更深入全面地掌握。

## 5.5.1　使用消息发送代替函数调用

在学习本节内容之前，先回忆一个 Objective-C 语言的细节。当 Objective-C 中的某个对象调用了一个不存在的方法时，程序通常会产生 Crash，并且控制台会输出信息，告诉开发者是因为调用了哪个方法造成的本次 Crash，大致信息如下：

```
unrecognized selector sent to instance xxx
```

从字面理解上面的信息，其意思为"向实例发送了无法识别的选择器"，这里的选择器可以理解为函数方法、实例即是对象，因此在 Objective-C 中，对象调用方法，实际上是向对象发送了方法选择器消息。

Objective-C 这门语言的语法与大多数主流语言有很大差异，尤其是方法的调用，Objective-C 采用中括号的方式调用方法，从行为上看，Objective-C 语言的方法调用与其他静态语言类似，但是其有本质上的不同。Objective-C 语言在编译时会将方法调用转换为消息发送，处理消息的对象和消息的处理方式可以在运行时灵活确定，因此消息传递是 Objective-C 语言运行时动态性的基础。

我们创建一个测试类，为其定义一个测试方法，示例代码如下：

```objc
#import <Foundation/Foundation.h>
@interface MyObject : NSObject
- (void)hello;
@end
@implementation MyObject
- (void)hello {
    NSLog(@"HelloWorld");
}
@end
int main(int argc, const char * argv[]) {
    MyObject *obj = [[MyObject alloc] init];
    [obj hello];
    return 0;
}
```

上面代码中创建了一个名为 MyObject 的类，在其中定义了一个名为 hello 的方法，在 main 函数中，对 MyObject 类进行了实例化，并且调用了对象的 hello 方法。运行代码，控制台将输出 hello 方法中打印的信息。对于上面代码中函数的调用，在编译时会被转换成 C 语言风格的消息发送函数。也可以手动调用 C 语言风格的消息发送函数来实现同样的效果，修改代码如下：

```objc
#import <Foundation/Foundation.h>
#import <objc/message.h>
@interface MyObject : NSObject
- (void)hello;
```

```
@end
@implementation MyObject
- (void)hello {
    NSLog(@"HelloWorld");
}
@end
int main(int argc, const char * argv[]) {
    MyObject *obj = [[MyObject alloc] init];
    ((void(*)(id, SEL))objc_msgSend)(obj, @selector(hello));
    return 0;
}
```

运行代码，可以看到控制台中打印出了字符串 "HelloWorld"，说明成功执行了 MyObject 实例对象的 hello 方法。上面调用的 objc_msgSend 函数用来发送消息，这个函数的第 1 个参数为消息要发送给的对象，第 2 个参数为要执行的方法选择器，后面还可以继续添加任意个数的参数，后面添加的参数都会作为方法选择器对应方法中的参数。注意，为了使编译能够顺利通过，需要根据传参的个数对 objc_msgSend 函数的类型进行强转。例如：

```
#import <Foundation/Foundation.h>
#import <objc/message.h>
@interface MyObject : NSObject

- (void)hello:(NSString *)name ;
@end
@implementation MyObject
- (void)hello:(NSString *)name {
    NSLog(@"HelloWorld:%@", name);
}
@end
int main(int argc, const char * argv[]) {
    MyObject *obj = [[MyObject alloc] init];
    ((void(*)(id, SEL, NSString *))objc_msgSend)(obj, @selector(hello:),
@"Lili");
    return 0;
}
```

再次运行代码，通过控制台的打印可以看出参数已经被正确地传递进指定的方法。

## 5.5.2 消息传递的过程

在上一小节中，我们采用了直接发送消息的方式来调用对象的方法。@selector 的本质是获取方法的签名，在 Objective-C 中，所有 Objective-C 类最终都将继承自 NSObject 类。在 NSObject 类中定义了一个名为 isa 的成员变量：

```
@interface NSObject <NSObject> {
    Class isa  OBJC_ISA_AVAILABILITY;
}
```

isa 为 Class 类型，表示当前对象所属于的类。Class 实际上是 Objective-C 中定义的一个结构体，其中封装了类的基本信息，具体如下：

```
struct objc_class {
    //元类指针
    Class isa  OBJC_ISA_AVAILABILITY;
#if !__OBJC2__
    //父类
    Class super_class        OBJC2_UNAVAILABLE;
    //类名
    const char *name         OBJC2_UNAVAILABLE;
    //类的版本
    long version             OBJC2_UNAVAILABLE;
    //信息
    long info                OBJC2_UNAVAILABLE;
    //内存布局
    long instance_size       OBJC2_UNAVAILABLE;
    //变量列表
    struct objc_ivar_list *ivars OBJC2_UNAVAILABLE;
    //函数列表
    struct objc_method_list **methodLists   OBJC2_UNAVAILABLE;
    //缓存方式
    struct objc_cache *cache  OBJC2_UNAVAILABLE;
    //协议列表
    struct objc_protocol_list *protocols   OBJC2_UNAVAILABLE;
#endif
} OBJC2_UNAVAILABLE;
```

可以看到，其中封装了类的名字、其父类结构体、类中的变量与函数列表等。消息发送实际上就是通过对象的 isa 指针找到对应的类，在类的方法列表中搜索对应签名的函数进行调用，并且消息的处理是基于继承链的，向对象发送消息后，首先会从对象所属类的方法列表中寻找对应方法，如果当前类中没有找到，就向其父类中继续寻找，如果父类中依然没有找到对应方法，则会继续向上寻找，直到在继承链中找到要执行的方法，或者直到寻找到基类都没有找到再结束。如果最终没有找到对象要执行的方法，则 Objective-C 的默认处理会使程序抛出异常。

在消息传递的过程中，还会发生一些有趣的事情。首先，如果对象对某个消息在整个继承链中都没有找到对应的方法，则之后会调用类的 resolveInstanceMethod 方法，这个方法的作用是动态处理不能识别的实例方法，与之对应的还有一个 resolveClassMethod 方法，这个方法用来动态处理不能识别的类方法。例如：

```
#import <Foundation/Foundation.h>
#import <objc/message.h>
@interface MyObject : NSObject
- (void)hello:(NSString *)name;
@end
@implementation MyObject
- (void)hello:(NSString *)name {
    NSLog(@"HelloWorld:%@", name);
}
+(BOOL)resolveInstanceMethod:(SEL)sel{
    NSLog(@"resolveInstanceMethod");
    return [super resolveInstanceMethod:sel];
}
@end
int main(int argc, const char * argv[]) {
    MyObject *obj = [[MyObject alloc] init];
    ((void(*)(id, SEL, NSString *))objc_msgSend)(obj, @selector(hello2:),
@"Lili");
    return 0;
}
```

上面的代码通过发消息的方式调用了一个不存在的实例方法，运行代码后虽然程序依然会 Crash，但是从控制台的打印信息可以看出，在程序崩溃前执行了 resolveInstanceMethod 方法，在这个方法中可以通过 Objective-C 提供的运行时函数来动态地处理不能识别的方法选择器，示例如下：

```
void dynamicMethodIMP(id obj, SEL method, NSString *name) {
    NSLog(@"实例:%@, 方法名:%@, 参数:%@", obj, NSStringFromSelector(method),
name);
}
+(BOOL)resolveInstanceMethod:(SEL)sel{
    NSLog(@"resolveInstanceMethod");
    if ([NSStringFromSelector(sel) isEqualToString:@"hello2:"]) {
        class_addMethod(self, sel, (void (*)(void))dynamicMethodIMP, "v@:@");
    }
    return [super resolveInstanceMethod:sel];
}
```

再次运行代码，可以看到程序执行了我们动态添加的 dynamicMethodIMP 函数。上面代码的逻辑是当检查到不能识别的选择器后，调用 class_addMethod 函数在运行时动态地为类添加一个新的方法。class_addMethod 中的几个参数都有特殊的意义：第 1 个参数为要添加方法的类；第 2 个参数为对应的方法签名；第 3 个参数为实现此方法的函数指针；第 4 个参数为一个字符串，用来表示所添加方法的返回值与参数类型，这个字符串中的首字母表示方法的返回值类型，后面的字母都表示参数类型。例如，在上面的示例代码中，"v@:@" 表示返回值为 void，第 1 个参数为对象类型，第 2 个参数为 SEL 选择器类型，第 3 个参数为对象类型。在添加方法时，前两个参数是固定的，由系统调用时自动传入，字符与其表示的类型对应表如图 5-6 所示。

| Code | Meaning |
|------|---------|
| c | A char |
| i | An int |
| s | A short |
| l | A long<br>`l` is treated as a 32-bit quantity on 64-bit programs. |
| q | A long long |
| C | An unsigned char |
| I | An unsigned int |
| S | An unsigned short |
| L | An unsigned long |
| Q | An unsigned long long |
| f | A float |
| d | A double |
| B | A C++ bool or a C99 _Bool |
| v | A void |
| * | A character string (char *) |
| @ | An object (whether statically typed or typed id) |
| # | A class object (Class) |
| : | A method selector (SEL) |
| [array type] | An array |
| {name=type...} | A structure |
| (name=type...) | A union |
| bnum | A bit field of num bits |
| ^type | A pointer to type |
| ? | An unknown type (among other things, this code is used for function pointers) |

图 5-6　字符与类型对应表

resolveInstanceMethod 给开发者提供了一种动态处理未识别选择器的方式。如果我们不对这个方法做任何额外的处理，则之后会进行消息转发流程，会调用类的实例方法 forwardingTargetForSelector。我们可以通过这个方法返回一个实例对象，当前对象无法处理的消息会被转发给被返回的实例对象，示例代码如下：

```objc
#import <Foundation/Foundation.h>
#import <objc/message.h>
@implementation MyObject2 : NSObject
- (void)hello2:(NSString *)name {
    NSLog(@"HelloWorld2:%@", name);
}
@end
```

```
@interface MyObject : NSObject
- (void)hello:(NSString *)name;
@end
@implementation MyObject
- (void)hello:(NSString *)name {
    NSLog(@"HelloWorld:%@", name);
}
- (id)forwardingTargetForSelector:(SEL)aSelector {
    NSLog(@"forwardingTargetForSelector");
    if ([NSStringFromSelector(aSelector) isEqualToString:@"hello2:"]) {
        return [[MyObject2 alloc] init];
    }
    return [super forwardingTargetForSelector:aSelector];
}
@end
int main(int argc, const char * argv[]) {
    MyObject *obj = [[MyObject alloc] init];
    ((void(*)(id, SEL, NSString *))objc_msgSend)(obj, @selector(hello2:),
@"Lili");
    return 0;
}
```

上面的代码创建了一个名为 MyObject2 的类，其中对 hello2 方法进行了实现，在 MyObject 类实例对象的 forwardingTargetForSelector 方法中，返回了 MyObject2 类的实例对象，之后此消息会被转发给 MyObject2 实例，运行代码通过打印信息可以看到 hello2 方法被成功执行了。由于 Objective-C 提供了这样的消息转发机制，因此对象方法的执行就变得格外灵活，Objective-C 本身是一种单继承的语言，即子类只能有一个父类，但是通过消息转发机制，我们可以实现类似多继承的功能。

通过 forwardingTargetForSelector 方法进行的消息转发也被称为直接转发，其直接将消息转发给指定的对象，如果不在此方法中处理，还有两个方法可以用来进行间接的消息转发。methodSignatureForSelector 方法会被调用询问某个选择器的有效性，如果开发者认为有效，就需要将其包装为函数签名对象 NSMethodSignature 的实例进行返回，之后系统会调用 forwardInvocation 方法进行选择器方法的调用，示例如下：

```
- (NSMethodSignature *)methodSignatureForSelector:(SEL)aSelector {
    NSLog(@"methodSignatureForSelector");
    if ([NSStringFromSelector(aSelector) isEqualToString:@"hello2:"]) {
        return [NSMethodSignature signatureWithObjCTypes:"v@:@"];
    }
    return [super methodSignatureForSelector:aSelector];
}

- (void)forwardInvocation:(NSInvocation *)anInvocation {
    NSLog(@"forwardInvocation");
    if ([NSStringFromSelector(anInvocation.selector)
isEqualToString:@"hello2:"]) {
        [anInvocation invokeWithTarget:[MyObject2 new]];
    }else{
```

```
        [super forwardInvocation:anInvocation];
    }
}
```

运行代码，可以看到上面代码的作用实际上也是进行了消息的转发。

调用一个无法识别的方法时，在程序抛出异常之前会经历 3 个阶段：第 1 个阶段为动态处理阶段；第 2 个阶段为直接转发阶段；第 3 个阶段为间接转发阶段。任何一个阶段都可以在运行时动态改变程序的执行逻辑。这个完整的消息机制构建了 Objectiive-C 运行时的基础。如果某个消息最终没有被处理而产生了程序的 Crash，那么其原因是最终执行到了 NSObject 类中定义的 doesNotRecognizeSelector 方法。我们可以通过重写这个方法来自定义控制台的信息输出，例如：

```
- (void)doesNotRecognizeSelector:(SEL)aSelector {
    if ([NSStringFromSelector(aSelector) isEqualToString:@"hello2:"]) {
        NSLog(@"doesNotRecognizeSelector");
    }
    [super doesNotRecognizeSelector:aSelector];
}
```

Objective-C 语言的消息机制非常强大却并不复杂，其核心过程如图 5-7 所示。

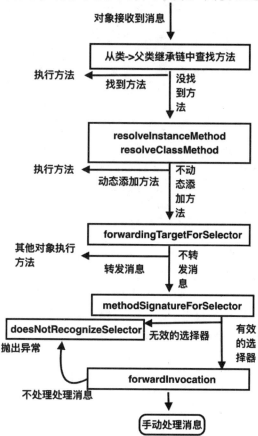

图 5-7　Objective-C 消息机制的流程图

### 5.5.3　关于 super 关键字

　　super 是我们开发中常用到的一个关键字，在重写父类的方法时，通常需要使用 super 关键字调用父类的方法。使用 super 关键字调用方法实际上也是进行消息的发送，其使用的是 objc_msgSendSuper 函数来发送消息，这个函数的第一个参数为 objc_super 结构体类型的指针，后面的参数意义与 objc_msgSend 函数完全一致。示例代码如下：

```
#import <Foundation/Foundation.h>
#import <objc/message.h>
@interface MyObject : NSObject
- (void)hello;
@end
@implementation MyObject
- (void)hello {
    NSLog(@"HelloWorld:MyObject");
}
@end
@interface MySubObject : MyObject
@end
@implementation MySubObject
- (void)hello {
    NSLog(@"HelloWorld:MySubObject");
}
@end
int main(int argc, const char * argv[]) {
    MySubObject *obj = [[MySubObject alloc] init];
    struct objc_super superObj = {obj, obj.superclass};
    ((void(*)(struct objc_super*, SEL))(objc_msgSendSuper))(&superObj,
@selector(hello));
    return 0;
}
```

　　运行代码，可以看到程序实际上执行的是 MyObject 类中的 hello 方法。通过了解 Objective-C 消息机制的本质，我们可以明确，对于任何方法的调用实际上都会转换成消息发送，影响消息发送的三要素为消息接收者、方法选择器和方法参数。因此，当消息发送的三要素相同时，其表现一定是相同的。例如，下面程序中的两次打印输出结果完全一样，都将是子类的类型：

```
@interface MyObject : NSObject
@end
@implementation MyObject
@end
@interface MySubObject : MyObject
```

```
-(void)showClass;
-(void)showSuperClass;
@end
@implementation MySubObject
-(void)showClass{
    NSLog(@"%@",[self className]);
}
-(void)showSuperClass{
    NSLog(@"%@",[super className]);
}
@end
int main(int argc, const char * argv[]) {
    MySubObject *obj = [[MySubObject alloc] init];
    [obj showClass];        // MySubObject
    [obj showSuperClass]; // MySubObject
}
```

上面的代码是面试中经常会被问到的一个场景。[self className]在调用时会采用前面介绍的消息发送机制从当前类中找 className 函数，当前类中并没有提供 className 函数，所以消息会随着继承链向上传递，在 MyObject 类中也没有 className 函数的实现，继续向上，最终在 NSObject 类中会找到这个方法。调用[super className]的过程是类似的，最终也会找到 NSObject 类中的对应方法。对于这两条消息来说，其接收者对象是一样的，执行的方法选择器也是一样的，只是寻找方法选择器起始的类不同，因此运行的结果是一样的。

## 5.5.4　Objective-C 的运行时技术

了解了 Objective-C 的消息机制，运行时就会非常容易理解。因为 Objective-C 中任何方法的调用都是消息的发送，因此可以在程序运行的时候动态修改消息、改变消息接收的对象、动态添加属性与方法等。

首先我们来看一段示例代码：

```
#import <Foundation/Foundation.h>
@interface MyObject : NSObject
{
    @private
    int _privateOne;
    NSString *_privateTow;;
}
@end
@implementation MyObject
{
    @private
```

```
    NSString *_privateThree;
}
- (instancetype)init {
    self = [super init];
    if (self) {
        _privateOne = 1;
        _privateTow = @"Tow";
        _privateThree = @"Three";
    }
    return self;
}
-(NSString *)description {
    return [NSString stringWithFormat:@"one=%d\ntow=%@\nthree=%@\n",
_privateOne, _privateTow, _privateThree];
}
@end
```

上面的示例代码中创建了 3 个成员变量，并且使用@private 将其修饰为私有的。原则上来讲，我们在类外将无法获取到这些私有的成员变量，更无法对其进行访问或修改，编译器会在编译阶段阻止对私有成员变量的访问，如图 5-8 所示。

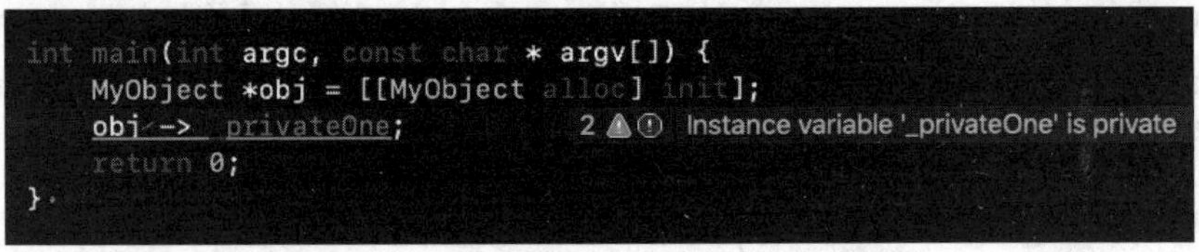

```
int main(int argc, const char * argv[]) {
    MyObject *obj = [[MyObject alloc] init];
    obj->_privateOne;                    2 ⚠ ① Instance variable '_privateOne' is private
    return 0;
}
```

图 5-8　不允许对私有成员变量进行访问

乍看上去这些私有的成员变量在类外无法访问，如果使用运行时技术，那么这些安全屏障就将形同虚设。编写代码如下：

```
#import <objc/runtime.h>
int main(int argc, const char * argv[]) {
    //我们先声明一个 unsigned int 型的指针，并为其分配内存
    unsigned int *count = malloc(sizeof(unsigned int));
    //调用 runtime 的方法
    //Ivar：内容对象，这里将返回一个 Ivar 类型的指针
    //class_copyIvarList 方法可以捕获到类的所有变量，将变量的数量存在一个 unsigned int
    //的指针中
    Ivar *mem = class_copyIvarList([MyObject class], count);
    //进行遍历
    for (int i=0; i < *count ; i++) {
        //通过移动指针进行遍历
        Ivar var = *(mem+i);
```

```
        //获取变量的名称
        const char *name = ivar_getName(var);
        //获取变量的类型
        const char *type = ivar_getTypeEncoding(var);
        NSLog(@"%s:%s\n",name,type);
    }
    //释放内存
    free(count);
    //注意处理野指针
    count=nil;
    return 0;
}
```

上面代码中使用到的函数与数据类型（如 Ivar 类型、ivar_getName 函数等）都是定义在
runtime 文件中的，这些函数为 Objective-C 的运行时功能提供了最基础的支持。运行代码，控
制台打印效果如下：

```
_privateOne:i
_privateTow:@"NSString"
_privateThree:@"NSString"
```

可以看到，尽管是私有的内部成员变量，使用运行时技术，依然可以在运行时动态地获
取这些成员变量的名字和类型等信息。另外，可以在运行时对其进行修改，示例代码如下：

```
int main(int argc, const char * argv[]) {
    MyObject *obj = [[MyObject alloc] init];
    NSLog(@"%@", obj);
    unsigned int *count = malloc(sizeof(unsigned int));
    Ivar *mem = class_copyIvarList([MyObject class], count);
    //进行遍历
    for (int i=0; i < *count ; i++) {
        //通过移动指针进行遍历
        Ivar var = *(mem+i);
        //获取变量的类型
        const char *type = ivar_getTypeEncoding(var);
        if ([[NSString stringWithCString:type encoding:NSUTF8StringEncoding]
isEqualToString:@"i"]) {
            object_setIvar(obj, var, (__bridge id)(void *)10);
        } else if ([[NSString stringWithCString:type
encoding:NSUTF8StringEncoding] isEqualToString:@"@\"NSString\""]) {
            object_setIvar(obj, var, @"newString");
        }
    }
```

```
    NSLog(@"%@", obj);
    //释放内存
    free(count);
    //注意处理野指针
    count=nil;
    return 0;
}
```

运行代码，通过比较前后两次打印的信息可以看到成员变量的值已经被成功修改了。在运行时也可以动态地为对象增加新的成员变量，例如：

```
int main(int argc, const char * argv[]) {
    MyObject *obj = [[MyObject alloc] init];
    NSLog(@"%@", obj);
    objc_setAssociatedObject(obj, @"more", @"value", OBJC_ASSOCIATION_COPY);
    NSLog(@"%@", objc_getAssociatedObject(obj, @"more"));
    return 0;
}
```

objc_setAssociatedObject 函数用来动态地为对象关联数据，其行为就像动态地向类的实例中添加了成员变量。这个函数的最后一个参数用来对关联的成员变量进行修饰，处理内存管理的问题，可选枚举及意义如下：

```
typedef OBJC_ENUM(uintptr_t, objc_AssociationPolicy) {
    OBJC_ASSOCIATION_ASSIGN = 0,            // 作用与 assign 修饰符一致
    OBJC_ASSOCIATION_RETAIN_NONATOMIC = 1,// 作用与 nonatomic retain 修饰符一致
    OBJC_ASSOCIATION_COPY_NONATOMIC = 3,  // 作用与 nonatomic copy 修饰符一致
    OBJC_ASSOCIATION_RETAIN = 01401,        //作用与 retain 修饰符一致
    OBJC_ASSOCIATION_COPY = 01403           //作用与 copy 修饰符一致
};
```

objc_getAssociatedObject 方法用来获取动态关联的数据值。

前面我们演示了如果通过运行时技术访问类中的成员变量，对于类中的方法，也可以采用运行时技术进行访问，如下代码所示：

```
#import <Foundation/Foundation.h>
@interface MyObject : NSObject
@end
@implementation MyObject
- (void)method1 {
    NSLog(@"method1");
}
- (void)method2 {
    NSLog(@"method2");
```

```
    }
@end
#import <objc/runtime.h>
int main(int argc, const char * argv[]) {
    unsigned int *count = malloc(sizeof(unsigned int));
    Method *methods = class_copyMethodList(MyObject.class, count);
    for(int i = 0; i< *count ; i++){
        SEL name = method_getName(methods[i]);
        NSString *method = [NSString stringWithCString:sel_getName(name)
encoding:NSUTF8StringEncoding];
        NSLog(@"%@\n",method);
    }
    return 0;
}
```

注意，上面示例代码所演示的运行时方法只会获取到当前类中定义的方法，并不会获取其父类中的。获取到方法名，就可以在运行时通过选择器的方式调用这些方法了，例如：

```
int main(int argc, const char * argv[]) {
    unsigned int *count = malloc(sizeof(unsigned int));
    Method *methods = class_copyMethodList(MyObject.class, count);
    for(int i = 0; i< *count ; i++){
        SEL name = method_getName(methods[i]);
        NSString *method = [NSString stringWithCString:sel_getName(name)
encoding:NSUTF8StringEncoding];
        NSLog(@"%@\n",method);
        [[MyObject new] performSelector:NSSelectorFromString(method)];
    }
    return 0;
}
```

在运行时为类添加方法我们在前面小节已经使用过——class_addMethod 函数可以用来动态地向类中添加方法。运行时技术最强大的地方在于可以在运行时动态替换方法的实现，通过这种 Hook 技术可以开发 iOS 运行时的各种插件，也可以对程序运行的过程进行监控。运行时替换某个方法的实现非常简单，示例如下：

```
#import <objc/runtime.h>
void method3(){
    NSLog(@"method3");
}
int main(int argc, const char * argv[]) {
    class_replaceMethod(MyObject.class, @selector(method1), method3, "v");
    [[MyObject new] method1];
```

```
    return 0;
}
```

虽然代码执行的是 MyObject 实例对象的 method1 方法，但是最终执行的是 method3 函数的实现。

# 5.6  Swift 中的 "？" 与 "！"

"？"和"！"这两个符号是 Swift 中出现频率很高的两个符号，通常用来操作可选类型。在 Objective-C 语言中，并没有语法可以明确变量的值是否为空，为了安全考虑，在使用变量时通常需要使用条件语句进行为空性判断。Swift 是一个比 Objective-C 更加现代的语言，引入可选类型来使开发者编写的代码从逻辑上更加严谨，使开发者编写的代码具有更高的安全性。

作为使用 Swift 语言的开发者，深入理解可选类型是基本功。可选类型的本质也是面试时经常会考查的一个知识点。

## 5.6.1  关于可选类型

可选类型本身很好理解，如果我们将一个变量类型定义为可选类型，则表示这个变量的值有可能是空的。可选类型不可能单独存在，一定是包装在某个类型之上的，例如字符串类型的可选类型，其值要么为空，要么为字符串值。通常，声明一个变量为可选类型的只需要在其本身类型后面加上 "？" 符号，例如：

```
var string:String?
```

上面代码中的 string 变量被声明为字符串类型的可选类型，如果没有对其进行初始化，则它的值默认为 nil，在 Swift 中也只有可选类型可以不进行初始化。对于可选类型的变量，需要取值时使用 "！" 符号来获取其原始的类型值（前提是这个可选值变量的值不为空），就好像是可选类型为其他数据类型的变量加了一层包装，而 "！" 符号的作用就是将这层包装拆开。示例如下：

```
var string:String?
string = "HelloWorld"
let s = string!
print(s)
```

上面代码中的变量 s 已经是纯粹的字符串类型了。"！" 符号的功能也被称为强制拆包。注意，这种强制拆包操作有时是危险的，使用前必须明确地保证所拆包的变量不为空，否则会产生运行时的异常，如果在某个场景下不能确定变量是否为空，通常需要做安全判断，例如：

```
var string:String?
string = "HelloWorld"
if string != nil {
    let s = string!
```

```
    print(s)
}
```

在实际开发中，有大量的场景需要使用类似上面的逻辑代码进行安全判断。Swift 中提供了一种更加方便的语法来处理上面的场景，即可选绑定。示例代码如下：

```
var string:String?
string = "HelloWorld"
if let s = string {
    print(s)
}
while let s = string {
    print(s)
    string = nil
}
```

可选绑定直接试图对一个可选类型的变量进行拆包，如果这个变量不为空，则会将拆包后的值赋给新创建的变量，并进入 if 或者 whlie 逻辑块，否则不会进入 if 或 while 逻辑块。这种可选绑定的语法可以帮助开发者更加简捷地使用可选类型。

## 5.6.2　隐式解析与可选链

有些时候，我们可以确保某个变量在使用时一定不为空，但是又不想在声明时就对这个变量进行初始化，这时可以将变量声明为隐式解析的。

隐式解析是指变量本身的确是可选类型，但是在使用此变量时，不需要手动地使用"！"符号进行拆包，其默认会进行拆包操作，因此如果在使用此变量时变量的值为 nil，就会产生运行时异常。隐式解析这种语法在实际开发中非常常用，懒加载的变量通常都会声明成隐式解析类型。示例代码如下：

```
var string:String!
string = "HelloWorld"
let s:String = string
print(s)
string = nil
```

Swift 中还有一个非常有用的语法：可选链。我们知道，当要使用一个可选类型的变量时，需要对其进行拆包。虽然 Swift 提供了可选绑定等语法让拆包的逻辑过程变得更加简洁，但是依然会使代码中充斥着判断逻辑，并且，当对象中较深层的属性链上都是可选类型时，这个取值的逻辑将变得非常复杂，例如：

```
class MySubObject {
    var name:String?
    init() {
        self.name = "HelloWorld"
```

```
        }
    }
class MyObject {
    var sub:MySubObject?

    init() {
        sub = MySubObject()
    }
}
var object:MyObject? = MyObject()
// 层层取值
if let obj = object {
    if let sub = obj.sub {
        if let name = sub.name {
            print(name)
        }
    }
}
```

上面代码的核心逻辑是一层层地对可选类型尝试进行拆包，如果拆包成功，就进行下一步逻辑，如果失败就结束整个访问链。对于这样的逻辑，使用可选链处理将非常方便，例如：

```
let name = object?.sub?.name
if let name = name {
    print(name)
}
```

在对可选类型进行取值时，使用"！"符号会强制进行拆包，使用"？"符号则表示使用可选链，即如果可以进行拆包就进行拆包并执行后面的逻辑，如果不能进行拆包就直接返回nil，因此可选链调用一定会返回一个可选类型的值。

关于Swift中的可选值，还有一个常用的运算符，叫作空合并运算符。其作用也是尝试对可选类型的值进行拆包，如果拆包成功就将其值返回，否则返回提供的默认值，例如：

```
var age:Int? = 10
print(age ?? 0) // 如果age为nil，则会输出0
```

我们对"？"与"！"符号在Swift中应用场景基本做了整体的了解，在实际应用或面试中，只需要记住如下几条原则即可：

● 在声明变量时，使用"？"符号表示变量声明为可选类型。
● 在声明变量时，使用"！"符号表示变量声明为隐式解析的可选类型。
● 在取变量的值时，使用"！"符号表示要进行强制拆包。
● 在取变量的值时，使用"？"符号表示进行可选链调用。

### 5.6.3　可选类型的本质

在 Swift 语言中，可选类型的本质实际上就是 Optional 枚举。下面两种写法在本质上完全一样：

```
var string:String?
var string2:Optional<String>
print(type(of: string))    //Optional<String>
print(type(of: string2))   //Optional<String>
```

在声明 Optional 枚举时，需要通过泛型的方式指定其要包装的类型。Optional 枚举实现了 ExpressibleByNilLiteral 协议，实现这个协议的枚举、结构体或类允许在初始化实例时使用值 nil。

Optional 枚举中定义了两个 case，分别为 none 和 some：

```
public enum Optional<Wrapped> : ExpressibleByNilLiteral {
    case none
    case some(Wrapped)
}
```

其中，none 表示当前可选类型的变量值为 nil；some 表示当前变量值不为 nil，具体的值存放在枚举的关联值中，完全使用枚举的编码风格对可选类型的变量进行操作。示例代码如下：

```
var string:Optional<String> = Optional<String>(nil)
string = "HelloWorld"
switch string {
case .none:
    print("string 值为 nil")
case .some(let real):
    print(real)
}
```

了解了可选类型的实质是一种枚举，就很容易理解 Swift 是如何对普通类型进行包装的了。Swift 的这种语言设计思路非常巧妙，具有很强的灵活性，并且可以从这一设计示例中更深入地体会 Swift 中枚举类型的强大。

## 5.7　Swift 中的权限控制

权限控制是指类型、属性、方法的访问权限控制。Swift 是一种比 Objective-C 更加安全的语言，其权限控制也更加严格和细致。在 Swift 中，权限控制的关键字有 private、fileprivate、internal、public 和 open，这 5 个修饰符的权限控制严格程度依次降低。

## 5.7.1  关于 private

在 Swift 语言中，使用 private 修饰的类、属性或方法具有最严格的访问权限，其表示所修饰的目标为私有的。如果使用 private 修饰类，则此类不能被继承，虽然依然可以被扩展，但是在类外，我们不能再使用这个类来实例化对象。因此，在实际开发中很少会将类定义为 private。例如：

```
private class MyObject {
    private var name:String? = "Hello"
    init() {
    }
}
// 可以对私有的类进行扩展
extension MyObject {
    func printName() {
        print(self.name!)
    }
}
// 不能继承，这里会产生编译错误
class MySubObject : MyObject {

}
// 不能实例化，这里会产生编译错误
var obj = MyObject()
```

更多时候，private 权限修饰符用来修饰类中的属性和方法，被修饰的属性或方法会被标记为私有属性或私有方法。在类的内部和扩展中，可以访问私有属性和私有方法，但是在类外部或者子类中，不能访问这些私有的属性和方法。例如：

```
class MyObject {
    private var name:String? = "Hello"
    private func printInfo() {
        print("MyObject")
    }
}
extension MyObject {
    func printName() {
        self.printInfo()
        print(self.name!)
    }
}
class MySubObject : MyObject {
    func subPrint() {
```

```
        // 这里访问父类的私有属性会产生编译错误
        print(self.name!)
    }
    // 这里重写父类的私有方法会产生编译错误
    override func printInfo() {

    }
}
```

使用私有修饰符 private 修饰的属性和方法可以很好地被保护在当前类的内部。

## 5.7.2  关于 fileprivate

我们知道被 private 修饰的目标有着最严格的权限控制。fileprivate 所修饰的目标也是私有的，但其私有是针对文件外的，在文件内是可以自由访问的。在 Swift 编程中，为了实现逻辑上的聚合性，通常会在同一个 Swift 文件中编写多个类、枚举、结构体等，fileprivate 提供了一种文件内可以自由访问同时又对文件外表现为私有的权限控制方式,在保证代码安全性的同时让开发者更方便地组织代码。示例如下：

```
class MyObject {
    fileprivate var name:String? = "Hello"

    fileprivate func printInfo() {
        print("MyObject")
    }
}
extension MyObject {
    func printName() {
        self.printInfo()
        print(self.name!)
    }
}
class MySubObject : MyObject {
    func subPrint() {
        print(self.name!)
    }
    override func printInfo() {
        super.printInfo()
    }
}
var obj = MySubObject()
obj.subPrint()
```

上面的代码全部写在同一个文件中，其可以正常运行，如果 MySubObject 是定义在另外的文件中，则其内的属性访问和复写父类的方法都会由于权限控制而报错。

### 5.7.3　关于 internal

internal 是默认的权限修饰级别，我们在编写代码时，如果不专门指定访问权限，其默认都是 internal 的，即在模块内是公开的、在模块外是受保护的。模块内是指在应用程序主工程或者某个 framework 库等模块内。在 Xcode 创建的 playground 文件中，可以通过添加 Sources 的方式来引入模块，这是 playground 非常有用的一个功能。

例如，在 playground 中的 Sources 里新建一个命名为 Module.swift 的文件，如图 5-9 所示。

图 5-9　向 playground 中添加 Sources 资源

Sources 资源中的 Swift 文件会被当作一个独立的模块进行编译，在其中编写如下代码：

```
import Foundation
class MyModule {
    var name:String = "World"
    func showName() {
        print(self.name)
    }
    init(){
    }
}
```

此时，如果在 playground 的主 Swift 文件中使用 MyModule 类编写代码，就会产生编译时的错误，这是因为在模块内创建类，定义的属性和方法的访问权限都是 internal 的，只有在本模块内可以自由访问。

### 5.7.4　public 与 open

public 将其目标修饰为公开的。在模块内，公开的类可以自由地被访问、继承。公开的属性和方法可以自由地被访问、覆写等。在模块外，公开的类型、属性和方法也可以自由地被访问。例如，修改上一小节 Module.swift 文件中的代码如下：

```
import Foundation
public class MyModule {
    public var name:String = "World"
    public func showName() {
```

```
        print(self.name)
    }
    public init(){

    }
}
```

之后在 playground 的主文件中使用 MyModule 类的相关功能就不会再报错，例如：

```
let m = MyModule()
m.showName()
```

注意，使用 public 修饰的目标在模块外虽然可以访问，但是其不能被继承（如果是类型），也不能被覆写（如果是方法）。对于需要被继承和覆写的场景，Swift 中还提供了权限控制修饰符 open。open 是权限控制最弱的一个修饰符，使用这个修饰符所修饰的目标是完全公开的，无论在模块内还是模块外，无论是普通访问还是集成或覆写，都将不被限制。在编写模块时，public 和 open 修饰符非常常用。

# 5.8　Swift 中的泛型

拥有强大的泛型机制是 Swift 语言的一大特点。使用泛型可以编写出灵活性极强、可重用性极高的代码。泛型与面向协议编程是 Swift 语言设计的核心思路。在 Swift 标准库中，大量的类型和函数都是由泛型构建的。同时，对泛型的深入理解和灵活使用也是求职者需要掌握的 Swift 编程基础。在面试中，除了要熟悉与泛型相关的各种基本概念外，还需要掌握使用泛型设计类、函数的方法。

## 5.8.1　泛型使用示例

使用泛型通常是为了提高代码的可重用性，这在编程中具有非常高的价值。例如，假设我们需要编写一个交换函数，用来进行整型变量的交换，示例代码如下：

```
func exchange(a:inout Int, b:inout Int) {
    (a, b) = (b ,a)
}
var a = 3;
var b = 4;
exchange(a: &a, b: &b)
print(a, b)
```

上面的代码非常简单，这里不再做过多的解释。需要注意的是，上面的函数中指定了明确的参数类型和返回值类型，如果我们需要使用这个函数对浮点数变量进行交换，则需要再写一个重载函数：

```
func exchange(a:inout Double, b:inout Double) {
    (a, b) = (b ,a)
}
var aa = 3.14;
var bb = 6.28;
exchange(a: &aa, b: &bb)
print(aa, bb)
```

可以发现，虽然使用重载技术使得 exchange 函数同时支持对整型和浮点型变量进行交换运算，但是由于类型的差异，开发者需要写两套几乎完全一样的代码是十分糟糕的，这会使代码之后的维护变得非常困难。上面示例中的场景就是使用泛型的最佳实践场景。下面我们使用泛型的方式来重新改写 exchange 函数：

```
func exchange<T>(a:inout T, b:inout T) {
    (a, b) = (b ,a)
}
var a = 3;
var b = 4;
exchange(a: &a, b: &b)
print(a, b)
var aa = 3.14;
var bb = 6.28;
exchange(a: &aa, b: &bb)
print(aa, bb)
```

使用泛型的方式重构 exchange 函数后，这个函数的复用性就变得非常强，不仅支持两个整型数据变量、浮点型数据变量的交换，也支持字符串、数组、字典等各种数据类型变量的交换。上面代码中的 T 表示泛型，仅仅是一个符号，可以使用任意字符进行定义。在函数具体调用时，如果传入的参数为整型，则 T 是整型；如果传入的参数为浮点型，则 T 是浮点型在定义函数时，当参数和返回值的类型与调用时传入的参数类型有关时，就需要使用泛型编程。

上面演示了泛型函数的应用。泛型类型在开发中非常常用，Swift 语言中的 Array、Dictionary 等类型都是使用泛型的方式实现的，因此数组和字典这类容器可以存放各种类型的数据。如果我们需要自己实现一个容器类，也可以采用泛型类型。例如编写一个简单的容器类：

```
class Group {
    var array = Array<Int>()
    func push(a:Int){
        array.append(a)
    }
    func pop() -> Int? {
        if array.count > 0 {
            return array.popLast()!
        }
```

```
            return nil
    }

    func show() {
        print(array)
    }
}
var group = Group()
group.push(a: 1)
group.push(a: 2)
group.show()
group.pop()
group.show()
```

上面的代码实现了一个简易的栈结构，缺陷在于其只是一个整型数据的栈容器，没有办法存放其他类型的数据。其实从本质上看，不论栈内存放什么类型的数据，栈本身的结构和行为都是不受影响的，因此可以使用泛型来指定其内存放数据的类型，修改代码如下即可：

```
class Group<T> {
    var array = Array<T>()
    func push(a:T){
        array.append(a)
    }
    func pop() -> T? {
        if array.count > 0 {
            return array.popLast()!
        }
        return nil
    }

    func show() {
        print(array)
    }
}
var group = Group<String>()
group.push(a: "1")
group.push(a: "2")
group.show()
group.pop()
group.show()
```

## 5.8.2　对泛型进行约束

现在，我们已经可以体会到泛型编程的强大，但是泛型编程在提高灵活性的同时也使得代码的描述性变得更差。例如，编写一个计算数组中元素和的函数，如果其仅支持整型数组元素求和运算，则很容易写出如下代码：

```
func sum(list:[Int]) -> Int {
    return list.reduce(0) { (res, next) -> Int in
        return res + next
    }
}
let list = [1, 2, 4, 5]
print(sum(list: list))
```

上面的代码复用性很差，并且 reduce 累加器中的相加逻辑闭包通常不需要开发者手动实现。对于整型数据，加法运算符本身就实现了这个逻辑。下面使用泛型的方式对上面的代码进行重构：

```
func sum<T>(list:[T], initial:T) -> T {
    return list.reduce(initial) { (res, next) -> T in
        return res + next
    }
}
```

试图运行上面的代码会产生编译时错误，这是因为仅仅通过一个没有任何约束的泛型，编译器无法确定其实例是否可以使用加法运算符进行运算。对于这种场景，我们需要对泛型做一些约束，让其在可控的范围内发挥灵活性。其实，在 Swift 中的数值类型最终都实现了一个名为 AdditiveArithmetic 的协议，这个协议中定义了数值的加减运算。我们可以约定 sum 函数中的泛型必须遵守这个协议，修改代码如下：

```
func sum<T:AdditiveArithmetic>(list:[T], initial:T) -> T {
    return list.reduce(initial) { (res, next) -> T in
        return res + next
    }
}
```

之后调用这个函数时，无论传入的是整型数组还是浮点型数据，都可以很好地执行并计算出正确的结果。假设现在想让这个 sum 求和函数再灵活一点，其不仅可以对数值类型的数据进行求和，还可以提供接口为未来各种自定义的类型做求和运算，只需要将求和行为进行抽象，并对泛型进行约束即可。例如：

```
protocol SumProtocol {
    func add(obj:Self, next:Self) -> Self
}
extension String: SumProtocol {
```

```
    func add(obj: String, next: String) -> String {
        return obj + next
    }
}
extension Int: SumProtocol {
    func add(obj: Int, next: Int) -> Int {
        return obj + next
    }
}
extension Double: SumProtocol {
    func add(obj: Double, next: Double) -> Double {
        return obj + next
    }
}
struct MyObject: SumProtocol {
    var count:Int

    func add(obj: MyObject, next: MyObject) -> MyObject {
        return MyObject(count: obj.count + next.count)
    }
}
func sum<T:SumProtocol>(list:[T], initial:T) -> T {
    return list.reduce(initial) { (res, next) -> T in
        return res.add(obj: res, next: next)
    }
}
let list = ["1.1", "2", "4", "5"]
print(sum(list: list, initial: "0") as String) // 01.1245
let list2 = [MyObject(count: 3), MyObject(count: 4)]
print((sum(list: list2, initial: MyObject(count: 0)) as MyObject).count)// 7
```

如上代码所示，当新创建了类型时，如果想让其支持累加操作，只需要实现 SumProtocol
协议即可。使用协议或父类约束泛型是常用的一种泛型约束方式，如果在同一个类型或者函数
中使用了多个泛型，并且各个泛型之间的关系需要约束，则可以使用 where 语句进行约束。例
如，将前面代码的容器本身也作为一个泛型，代码如下：

```
protocol SumProtocol {
    func add(obj:Self, next:Self) -> Self
}
protocol Container {
    associatedtype T
    var list:Array<T>{ get }
```

```
    func push(obj:T)
    func pop()->T?
}
class Group<E>:Container {
    typealias T = E

    var list = Array<E>()

    func push(obj: E) {
        list.append(obj)
    }

    func pop() -> E? {
        return list.popLast()
    }


}
struct MyObject: SumProtocol {
    var count:Int

    func add(obj: MyObject, next: MyObject) -> MyObject {
        return MyObject(count: obj.count + next.count)
    }
}
func sum<G:Container>(group:G, initial:G.T) -> G.T where G.T:SumProtocol {
    return group.list.reduce(initial) { (res, next) -> G.T in
        return res.add(obj: res, next: next)
    }
}
var group = Group<MyObject>()
group.push(obj: MyObject(count: 3))
group.push(obj: MyObject(count: 4))
print((sum(group: group, initial: MyObject(count: 0)) as MyObject).count)//7
```

我们主要看上面代码中 sum 函数的定义。这个函数中使用了两个泛型：一个是泛型 G，表示其参数 group 为实现了 Container 协议的类型实例；另一个是泛型 G.T，表示使用 Container 协议中关联的泛型 T。需要注意的是，由于实现了 SumProtocol 协议的类型才能够调用 add 方法，因此之后的 where 语句约束了在调用此 sum 函数时，Container 协议中关联的泛型 T 必须是实现了 SumProtocol 协议的类型。这样，就通过约束泛型完整地对 sum 函数进行了限定。在实际开发中，泛型与协议结合使用写出的代码非常灵活，并且十分安全。

# 5.9　Swift 中的协议与扩展

协议是 Swift 语言中一个十分重要的部分，面向协议的编程方式在 Swift 语言编程中也非常流行。虽然 Objective-C 语言中也提供了协议这种结构，但是相较 Swift，其功能简陋了很多。Swift 中的协议不仅可以被类实现，还可以被枚举和结构体实现。同样，协议本身也支持继承，协议中也可以定义泛型。

扩展也是 Swift 编程中常用的一种扩展类功能的手段，可以将类的功能分类聚合，提高代码的可读性，并且可以和协议结合使用，非常灵活。

本节将通过例子系统地介绍 Swift 中协议与扩展的功能与应用，以便在日常开发或面试中能够更加灵活地应用协议和扩展的相关知识。

## 5.9.1　Swift 中协议的用法

简单地理解，协议就是用来定义一个蓝图，其中规定了实现某一特定任务需要的属性、方法等，但是并不对这些属性和方法提供实现，具体的实现由遵守协议的类、结构体或枚举等实际类型进行负责。

协议在 Swift 编程中非常常用，面向协议进行编程也可以更好地实现代码的抽象化。我们在前面学习设计模式时提到，细节依赖抽象是一种非常好的代码解耦方式，面向协议编程就是细节依赖抽象的最佳实践。

例如，在编写一款对战格斗游戏时，游戏中的角色包含多种类型，这时就可以定义一个"人物"协议，通过协议来使游戏中的角色和敌人的扩展变得非常容易。

首先，根据游戏人物的需求定义协议如下：

```swift
protocol FigureProtocol {
    // 血量
    var HP:Int {get}
    // 敏捷
    var SP:Int {get}
    // 名字
    var name:String {get}
    // 力量
    var STR:Int {get}
    var death:Bool {get}
    // 进行攻击
    func attack(other:FigureProtocol)
    // 被攻击
    func Injured(count:Int)
}
```

协议中定义了游戏人物的基础属性与行为，下面实现两个游戏人物来模拟对战游戏：

```
class Swordsman: FigureProtocol {
    var HP: Int = 100
    var SP: Int = 10
    var name: String = "剑客"
    var STR: Int = 20
    var death: Bool = false
    func attack(other: FigureProtocol) {
        print("\(self.name)发起攻击")
        other.Injured(count: self.STR)
    }
    func Injured(count: Int) {
        self.HP -= count
        print("\(self.name)受到了\(count)点伤害")
        if self.HP <= 0 {
            self.death = true
            print("\(self.name)被击败了！游戏结束！")
        }
    }
}
class Gunmen: FigureProtocol {
    var HP: Int = 80
    var SP: Int = 15
    var name: String = "枪手"
    var STR: Int = 10
    var death: Bool = false
    func attack(other: FigureProtocol) {
        print("\(self.name)发起攻击")
        other.Injured(count: self.STR)
    }
    func Injured(count: Int) {
        self.HP -= count
        print("\(self.name)受到了\(count)点伤害")
        if self.HP <= 0 {
            self.death = true
            print("\(self.name)被击败了！游戏结束！")
        }
    }
}
// 模拟游戏
let role1 = Swordsman()
let role2 = Gunmen()
var count = 0;
```

```
while !role1.death && !role2.death {
    count += 1;
    if count % role1.SP == 0 {
        role2.attack(other: role1)
    }
    if count % role2.SP == 0 {
        role1.attack(other: role2)
    }
}
```

上面的代码模拟了两个角色对战的过程，速度属性较高的角色可以攻击更多次，但相对攻击力更低。运行代码，在控制台中的打印效果如下：

枪手发起攻击
剑客受到了 10 点伤害
剑客发起攻击
枪手受到了 20 点伤害
枪手发起攻击
剑客受到了 10 点伤害
枪手发起攻击
剑客受到了 10 点伤害
剑客发起攻击
枪手受到了 20 点伤害
枪手发起攻击
剑客受到了 10 点伤害
剑客发起攻击
枪手受到了 20 点伤害
枪手发起攻击
剑客受到了 10 点伤害
枪手发起攻击
剑客受到了 10 点伤害
剑客发起攻击
枪手受到了 20 点伤害
枪手被击败了！游戏结束！

游戏中的人物可能非常多，后面继续扩展游戏中的人物时，只需要创建新的类型，遵守 FigureProtocol 协议即可。

假设游戏中的枪手角色可以升级，升级后其攻击时会随机释放技能。对于这种场景，我们可以为 Gunmen 类编写一个子类。通常，游戏中的技能会有多种类型，可以再定义一个技能协议，例如：

```
protocol SkillProtocol {
```

```
    var power:Int {get}
}


class SuperGunmen: Gunmen, SkillProtocol {
    var power: Int = 2;
    override func attack(other: FigureProtocol) {

        if arc4random() % 2 == 0 {
            print("\(self.name)发动特殊技能!")
            other.Injured(count: self.STR * self.power)
        } else {
            print("\(self.name)发起攻击")
            other.Injured(count: self.STR)
        }


    }
}
```

如上代码所示，SuperGunmen 继承于 Gunmen 类，并且实现了 SkillProtocol 协议。当继承与遵守协议同时作用于一个类型时，继承在前，协议遵守在后。还有一点需要注意，Swift 中的协议是支持合成的，即一个类型可以遵守实现多个协议。其实上面示例代码中的 SuperGunmen 就用到了协议合成，其首先由继承的方式实现了 FigureProtocol 协议，又通过遵守协议的方式实现了 SkillProtocol 协议。在 Swift 中，协议是可以进行继承的。在我们的示例中，假设有一种场景，某个特殊的人物不继承任何父类也有技能可以使用：一种方式是使用协议的合成；另一种方式是让 SkillProtocol 协议继承于 FigureProtocol 协议，这样只需要遵守一个 SkillProtocol 协议即可。

## 5.9.2 协议与扩展的结合使用

在 Swift 中，扩展的功能就是为类型提供新的功能。其可以为自定义的类型进行扩展，也可以对内置的类型进行扩展。例如：

```
extension Int {
    func toString() -> String {
        return "\(self)"
    }
}
```

上面的代码对 Swift 内置的 Int 类型进行了扩展，为其提供了一个整型转字符串类型的方法。扩展可以让功能类似的代码聚合在一起，更好地组织工程代码的结构。在使用扩展时，有一点需要注意，如果要对类型的属性进行扩展，则只能扩展计算属性，不能扩展存储属性。

扩展与协议结合进行使用也是 Swift 十分强大的一种功能，可以为协议提供一套默认的实现，这在 Objective-C 语言中无法做到的。以上一小节我们编写的代码为例，其中每一个具体角色类中的 attack 方法实现都是一样的。实现代码相同就意味着重复，在编程中，代码重复是非常糟糕的。这时可以采用扩展为协议提供默认实现来消除重复代码，具体如下：

```
protocol FigureProtocol {
    // 血量
    var HP:Int {get}
    // 敏捷
    var SP:Int {get}
    // 名字
    var name:String {get}
    // 力量
    var STR:Int {get}
    var death:Bool {get}
    // 进行攻击
    func attack(other:FigureProtocol)
    // 被攻击
    func Injured(count:Int)
}
extension FigureProtocol {
    func attack(other: FigureProtocol) {
        print("\(self.name)发起攻击")
        other.Injured(count: self.STR)
    }
}
```

之后将类型中对 attack 方法的实现删掉即可。还有一点需要注意，为了游戏的安全，在定义协议时，我们将属性都只设置了可读，并没有指明可写，因此在用扩展提供默认实现时，不能做改变这些属性数据的操作。

# 5.10　回顾、思考与练习

本章所介绍的内容大多是 Objective-C 与 Swift 语言中的基础知识。这些知识虽然基础，但是其中很多细节点都是开发者最容易忽略的。在日常开发中，开发者可能时时刻刻都在使用这些知识，但是被面试官问到其中的细节问题时往往不能正确地回答。

本章既涉及 Objective-C 中的语言知识，也涉及 Swift 中的语言知识。在 Objective-C 部分，读者需要重点理解有关内存管理及运行时的原理和机制。在 Swift 部分，重点在对可选类型与泛型的理解。

## 5.10.1　回顾

在本章开头部分，我们提出了几个问题，现在回想一下这些问题的答案。如果让你介绍

Objective-C 中内存关管理的方方面面，你能否讲解清楚？内存管理与属性修饰符、ARC、自动释放池、Block 之间有着怎样的联系？试着以内存管理为主线，将这些知识串联起来。

## 5.10.2 思考与练习

1. Objective-C 中的属性原理是怎样的？

2. Objective-C 中的属性修饰符可以分为哪几大类？每一类中各有哪些属性修饰符？它们都起什么作用？

3. MRC 与 ARC 的区别是什么？ARC 是如何实现的？

4. 自动释放池和自动释放对象应用在哪些场景下？自动释放池和 RunLoop 有什么关系？

5. 自动释放池是怎样的一种数据结构？

6. Swift 的集合类型中都会有一个 map 方法，尝试自己实现一个函数，要求和 map 方法的功能一致。

# 第6章

# 界面开发核心技术

作为 iOS 开发者，界面开发技术是必须要熟练掌握的。一款优秀的 iOS 应用，除了业务逻辑都需要通过界面来呈现外，用户体验上的优化、性能与动画的调优等也都需要扎实的界面开发技术作为基础。

在面试中，界面开发技术与性能优化通常会结合进行考查。iOS 应用页面渲染原理、自动布局的原理、绘图技术与复杂动画的实现都是考查的重点。本章我们将主要从这几个方面进行讲解，帮助读者在工作中更加高效地进行页面绘制，并对应用的性能优化提供更多的思路。同样，本章内容在面试中也有很高的参考价值，对于业务页面开发相关的面试题，本章可以帮助读者更好地厘清思路、更完善地作答。

面试前的臆想

(1) 你经常使用自动布局吗？你了解它的原理吗？

(2) iOS 中都有哪些创建动画的方法？

(3) 什么是离屏渲染？

(4) iOS 中的绘图技术你都用过哪些？

## 6.1　自动布局技术

布局是界面开发中重要的一环。简单组件组成复杂组件，复杂组件又组成各式各样的界面。页面中组件的尺寸、位置、层级等都由布局决定。最简单直观的布局方式是直接对组件的尺寸位置等信息进行绝对的设定，即在 iOS 开发中常用 frame 属性来控制视图的尺寸和位置，在 iOS 6 之前，开发者也只能使用这种方式来进行页面的布局。随着 iOS 设备的不断升级，设备的尺寸越来越多样化，这时使用绝对布局的方式进行页面布局会带给开发者非常大的工作量（需要针对不同尺寸的设计进行适配），而且当页面中组件的布局状态变动很大时，布局的处理会变得更加麻烦。

在 iOS 6 之后，Apple 引入了自动布局技术，也称为 Autolayout 技术。其采用添加约束的方式进行布局，将开发者的布局思想由传统的绝对布局转变为更加现代的相对布局。可以让开发者更加高效地进行页面开发，并更加方便地适配各种尺寸的设备。

## 6.1.1 自动布局的基本原理

无论是怎样的布局技术，视图最终要渲染到屏幕上，一定需要知道其绝对的位置。自动布局之所以称为自动，就在于其可以帮助开发者自动计算出视图的真实位置，开发者只需要将关注的重心放在视图与视图之间的布局关系上即可。

实际上，Autolayout 并非只是单纯的某一项技术，它是多种技术的组合。简单理解，Autolayout 由 3 部分组成。

第 1 部分是应用层的描述部分。这一部分主要包括提供约束的各种数据类型，如 NSLayoutConstraint 类等。开发者使用这些数据类型来对布局进行描述，即为组件添加约束信息。这一部分也是开发者直接使用的 Autolayout 技术的部分，是需要完全理解与掌握的。

第 2 部分是解析引擎部分。Autolayout 技术的核心源于 Cassowary 约束解析工具包，这一工具包提供了一套算法来解决用户界面的部分问题。Cassowary 算法内部是非常复杂的，但是我们并不需要关心它的实现，理解它的作用即可。首先，Cassowary 算法并没有改变视图最终的布局方式。一个视图若要正确地布局在页面上，有 4 个必须明确的信息：x, y, width, height。这也是 iOS 开发中 frame 结构中所存储的内容，其中 x 表示视图锚点的横坐标，y 表示视图锚点的纵坐标，width 表示视图的宽度，height 表示视图的高度，知道了这些信息，就可以准确地对视图进行布局。如果想在一个尺寸为 300 乘号 300 的画布上布局一个外边距为 10 的视图，传统上会通过这样的方式进行视图的布局描述：

```
(x:10,y:10,width:280,height:280)
```

这其实就是一种绝对的布局方式，如果画布的大小产生了变化，为了保持边距不变，就需要进行额外的布局处理。如果采用 Autolayout 的布局方式，实际上需要做的是提供一组描述，例如：

● 视图距离左边界 10 单位。
● 视图距离右边界 10 单位。
● 视图距离上边界 10 单位。
● 视图距离下边界 10 单位。

这种形象的描述将视图实际的位置进行了抽象，以数学的方式表达上面的描述如下：

● subView.left = superView.left + 10
● subView.right = superView.right – 10
● subView.top = superView.top + 10
● subView.bottom = superView.bottom – 10
● subView.width = subView.right – subView.left
● subView.height = subView.bottom – subView.top

看到上面的式子你一定觉得很熟悉，其实这就是数学上的六元一次方程组。父视图的尺寸是默认已知的，通过上面的 6 个方程就可以计算出每个未知数的唯一解。其实，Cassowary 算法做的就是一件事情，即将约束方程组进行求解。Cassowary 本质上就是一个求解线性等式和不等式的算法。

第 3 部分是 iOS 的 UI 渲染系统。iOS 的 UI 渲染系统会从底层的布局效率进行优化。例如，开发者每次对布局的更新并不会立刻调用引擎解析进行渲染，而是会等到 Render Loop 时统一进行处理。

相比传统的直接使用 frame 进行布局，Autolayout 多一些性能消耗是无法避免的，约束对象的创建与解析和 Cassowary 算法的执行都会多消耗一些布局时间，但是在实际应用中，大多数场景下这种影响都微不足道，但是从使用性上来说，Autolayout 要比绝对布局先进很多，它应当成为 iOS 应用开发的主流技术。

## 6.1.2　NSLayoutConstraint 对象的使用

NSLayoutConstraint 类用来创建约束对象，约束对象的定义是 Autolayout 布局的核心。例如，需要将一个视图布局在页面上，使其距离页面上边距为 100、距离左右边距各为 30、高度为 100，使用的布局代码如下：

```swift
import UIKit
class ViewController: UIViewController {
    override func viewDidLoad() {
        super.viewDidLoad()
        // 关闭将 Autoresizing 转换成约束的功能
        self.view.translatesAutoresizingMaskIntoConstraints = false
        let v1 = UIView()
        v1.translatesAutoresizingMaskIntoConstraints = false
        self.view.addSubview(v1)
        v1.backgroundColor = UIColor.red
        // 在边距约束
        let c1 = NSLayoutConstraint(item: v1, attribute: .left,
relatedBy: .equal, toItem: self.view, attribute: .left, multiplier: 1, constant:
30)
        // 右边距约束
        let c2 = NSLayoutConstraint(item: v1, attribute: .right,
relatedBy: .equal, toItem: self.view, attribute: .right, multiplier: 1, constant:
-30)
        // 上边距约束
        let c3 = NSLayoutConstraint(item: v1, attribute: .top, relatedBy: .equal,
toItem: self.view, attribute: .top, multiplier: 1, constant: 100)
        // 高度约束
        let c4 = NSLayoutConstraint(item: v1, attribute: .height,
relatedBy: .equal, toItem: nil, attribute: .notAnAttribute, multiplier: 1, constant:
```

```
100)
        // 激活约束
        NSLayoutConstraint.activate([c1,c2,c3, c4])
    }
}
```

运行代码，效果如图 6-1 所示。

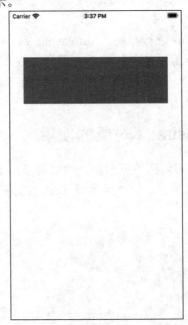

图 6-1　使用约束进行布局

在上面的代码中，创建约束的核心方法为 NSLayoutConstraint 类的如下构造方法：

```
    public convenience init(item view1: Any, attribute attr1:
NSLayoutConstraint.Attribute, relatedBy relation: NSLayoutConstraint.Relation,
toItem view2: Any?, attribute attr2: NSLayoutConstraint.Attribute, multiplier:
CGFloat, constant c: CGFloat)
```

这个方法中的参数很多，其中 view1 与 view2 表示要确定布局关系的两个视图，如果将视图的宽高约束为绝对值，则 view2 参数可以为 nil。attr1 与 attr2 参数设置要进行约束的属性，只有相同类型的属性之间可以进行约束，例如 x 轴方向的布局属性只能与 x 方向的布局属性进行约束。relation 参数用来确定约束的关系，决定最终解析出的等式或不等式。multiplier 参数用来设置约束的比例关系。constant 参数用来设置约束的相对值。这些参数所决定的约束关系可以使用如下方式简单表达：

```
    view1.attr1 = view2.attr2 * multiplier + constant
```

还有一点需要注意，当使用代码进行自动布局时，需要将要布局视图的 translatesAutoresizingMaskIntoConstraints 属性设置为 false。当这个属性设置为 true 时，会自动将 AutoresizingMask 布局关系转换成约束，造成约束冲突，产生布局错误。

NSLayoutConstraintl 类内部定义了一个 Attribute 枚举，其中定义了可以进行约束的属性，如表 6-1 所示。

表6-1　Attribute枚举

| 属 性 名 | 意　义 |
| --- | --- |
| left | 组件的左侧 |
| right | 组件的右侧 |
| top | 组件的上侧 |
| bottom | 组件的下侧 |
| leading | 组件的前侧（LTR 与 RTL 语言布局方向不同） |
| trailing | 组件的后侧（LTR 与 RTL 语言布局方向不同） |
| width | 组件的宽度 |
| height | 组件的高度 |
| centerX | 组件中心横坐标 |
| center | 组件中心纵坐标 |
| lastBaseline | 末行文字基线（文本类组件有效） |
| firstBaseline | 首行文字基线（文本类组件有效） |
| leftMargin | 组件的 layoutMargins 的左侧 |
| rightMargin | 组件的 layoutMargins 的右侧 |
| topMargin | 组件的 layoutMargins 的上侧 |
| bottomMargin | 组件的 layoutMargins 的下侧 |
| leadingMargin | 组件的 layoutMargins 的前侧 |
| trailingMargin | 组件的 layoutMargins 的后侧 |
| centerXWithinMargins | 组件的 layoutMargins 的中心横坐标 |
| centerYWithinMargins | 组件的 layoutMargins 的中心纵坐标 |
| notAnAttribute | 占位属性，当约束作用于单个组件时使用它占位 |

其中，Margin 相关的属性是 iOS 8 之后引入的。iOS 8 之后 UIVIew 类中新增了 layoutMargins 属性。用来约定布局范围。

Relation 也是 NSLayoutConstraint 中定义的内部枚举，其描述属性间的关系，如表 6-2 所示。

表6-2　Relation枚举

| 关　系 | 意　义 |
| --- | --- |
| lessThanOrEqual | 小于等于 |
| Equal | 等于 |
| greaterThanOrEqual | 大于等于 |

关于约束的装载与卸载，iOS 8 之后 NSLayoutConstraint 类中提供了下面的两个方法：

```
open class func activate(_ constraints: [NSLayoutConstraint])
```

```
open class func deactivate(_ constraints: [NSLayoutConstraint])
```

上面的两个方法都需要传入一组约束对象，activate 方法装载约束对象，会自动找到共同的父视图添加约束，deactivate 用来卸载一组约束对象。在 iOS 8 之前，开发者需要调用 UIView 实例的如下方法手动进行约束的操作，这时就需要开发者自己确定将约束添加在了合适的父视图上。

```
extension UIView {
    open var constraints: [NSLayoutConstraint] { get }
    open func addConstraint(_ constraint: NSLayoutConstraint)
    open func addConstraints(_ constraints: [NSLayoutConstraint])

    open func removeConstraint(_ constraint: NSLayoutConstraint)
    open func removeConstraints(_ constraints: [NSLayoutConstraint])
}
```

NSLayoutConstraint 对象一旦被创建，其中大部分的属性都是只读的，无法对其进行修改来更新约束，如果要更改这些信息，只能将此约束对象移除创建新的约束对象，但是有两个属性除外：

```
open var constant: CGFloat
open var priority: UILayoutPriority
```

constant 属性确定约束的相对值，当页面上视图布局的某些约束相对值发生改变时，可以直接修改这个属性，之后更新布局。priority 属性用来设置约束的优先级，当有多个约束对象所描述的信息出现冲突时，会选择优先级高的约束对象进行布局信息计算。UILayoutPriority 是一个结构体，可以直接使用一个浮点值来创建它，默认创建的约束对象优先级都为 1000。UIView 类扩展中提供的更新约束相关的方法列举如下：

```
extension UIView {
    // 尝试更新布局
    open func updateConstraintsIfNeeded()
    // 立即更新布局
    open func updateConstraints()
    // 获取是否需要更新布局
    open func needsUpdateConstraints() -> Bool
    // 标记布局需要更新
    open func setNeedsUpdateConstraints()
}
```

## 6.1.3  使用 VFL 创建约束对象

在使用 Autolayout 进行视图布局时，NSLayoutConstraint 对象是非常常用的，但是通过上一小节的学习，我们知道 NSLayoutConstraint 对象的创建需要很多的参数，而且在对一个视图进行自动布局时，通常需要创建大量的 NSLayoutConstraint 对象，这是非常烦琐且不直观的。

为了解决这种尴尬的情况，Apple 开发了一种新的描述语言 VFL（Visual Format Language，可视化格式语言），用来帮助开发者可视化的、快速的创建约束对象。

VFL 使用字符串来描述组件间的约束关系，之后由解析引擎生成一组真实的 NSLayoutConstraint 约束对象。

在 VFL 语言中，首先需要指明布局的方向，即是水平方向的布局还是竖直方向的布局，水平方向使用 "H:" 表示，竖直方向使用 "V:" 表示。另外，使用 "-" 表示组件间的间距，使用 "|" 表示组件的边界。下面的代码演示了如何使用 VFL 进行约束对象的创建：

```swift
self.view.translatesAutoresizingMaskIntoConstraints = false
let v1 = UIView()
v1.backgroundColor = UIColor.red
let v2 = UIView()
v2.backgroundColor = UIColor.blue
let v3 = UIView()
v3.backgroundColor = UIColor.green
v1.translatesAutoresizingMaskIntoConstraints = false;
v2.translatesAutoresizingMaskIntoConstraints = false;
v3.translatesAutoresizingMaskIntoConstraints = false;
self.view.addSubview(v1)
elf.view.addSubview(v2)
self.view.addSubview(v3)
// 使用 VFL 创建约束对象
let hArray = NSLayoutConstraint.constraints(withVisualFormat:
"H:|-10-[v1]-10-[v2(==v1)]-10-[v3(==v2)]-10-|", options:
[.alignAllTop, .alignAllBottom], metrics: nil, views: ["v1":v1, "v2":v2, "v3":v3])
let vArray = NSLayoutConstraint.constraints(withVisualFormat:
"V:|-100-[v1(100@1000)]", metrics: nil, views: ["v1":v1])
NSLayoutConstraint.activate(hArray)
NSLayoutConstraint.activate(vArray)
```

上面的 v1、v2、v3 都是视图代号，在其后的小括号中可以对视图的宽度/高度和约束优先级进行设置。运行代码，布局效果如图 6-2 所示。

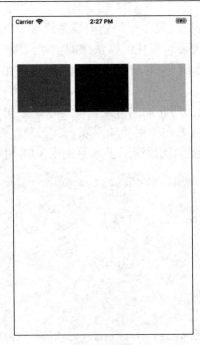

图 6-2 布局效果

在上面的代码中，constraints 类方法用来将 VFL 字符串解析成约束对象，这个方法的完整定义如下：

```
open class func constraints(withVisualFormat format: String, options opts:
NSLayoutConstraint.FormatOptions = [], metrics: [String : Any]?, views: [String :
Any]) -> [NSLayoutConstraint]
```

在上面的方法中，参数 format 为 VFL 语言的字符串，opts 参数用来设置视图的对齐方式，metrics 参数用来指定变量列表，如果 VFL 中有使用到变量作为约束值，则需要在 metrics 字典中进行指定，views 用来指定视图列表。例如，VFL 字符串中使用的间距 10 是某个变量提供的，则可以改写如下：

```
let spec = 10;
let hArray = NSLayoutConstraint.constraints(withVisualFormat:
"H:|-spec-[v1]-spec-[v2(==v1)]-spec-[v3(==v2)]-spec-|", options:
[.alignAllTop, .alignAllBottom], metrics: ["spec": spec], views: ["v1":v1, "v2":v2,
"v3":v3])
```

在使用 VFL 生成约束对象时，还有一点需要注意，constraints 类方法的 opts 参数用来指定布局次轴方向上的视图对齐方式。次轴方向是指与布局方向垂直的方向：对于水平方向的布局，次轴方向就是竖直方向；对于竖直方向，次轴方向就是水平方向。

VFL 虽然写着简单，但并不是万能的，当视图间的关系需要以比例的方式进行约束时，VFL 就无能为力了。其实在实际开发中 VFL 使用的并不多，对于自动布局，更多的是借助成熟的第三方库来创建约束。但是对 VFL 的熟悉与理解依然十分重要，当因为布局冲突产生运行时问题时，控制台会打印相关的约束对象，打印时就会将布局的信息以 VFL 字符串的方式输出，熟悉它可以帮助我们更好地发现布局问题。

## 6.1.4　布局锚点 NSLayoutAnchor 的应用

布局锚点是 iOS 9 之后新引入的概念，其极大地方便了布局的创建。之前使用原生代码进行 Autolayout 布局时，直接使用 NSLayoutConstraint 构造对象代码太烦琐，使用 VFL 字符串生成约束对象又缺少编译时的安全检查。这两种原生的布局方式都有非常明显的缺陷，因此，在实际开发中，开发者一般都会选择 SnapKit（Swift）或 Masonry（Objective-C）第三方库进行视图的自动布局。

iOS 9 引入了布局锚点后，其布局代码的写法风格已十分接近第三方库的封装，开发者可以更轻松地进行约束创建，一行代码确定一条约束。示例代码如下：

```
self.view.translatesAutoresizingMaskIntoConstraints = false
let v1 = UIView()
v1.backgroundColor = UIColor.red
let v2 = UIView()
v2.backgroundColor = UIColor.blue
let v3 = UIView()
v3.backgroundColor = UIColor.green
v1.translatesAutoresizingMaskIntoConstraints = false;
v2.translatesAutoresizingMaskIntoConstraints = false;
v3.translatesAutoresizingMaskIntoConstraints = false;
self.view.addSubview(v1)
self.view.addSubview(v2)
self.view.addSubview(v3)
v1.topAnchor.constraint(equalTo: self.view.topAnchor, constant:
100).isActive = true
v1.heightAnchor.constraint(equalToConstant: 100).isActive = true
v1.leftAnchor.constraint(equalTo: self.view.leftAnchor, constant:
20).isActive = true
v2.topAnchor.constraint(equalTo: v1.topAnchor).isActive = true
v2.leftAnchor.constraint(equalTo: v1.rightAnchor, constant: 20).isActive =
true
v2.bottomAnchor.constraint(equalTo: v1.bottomAnchor).isActive = true
v2.widthAnchor.constraint(equalTo: v1.widthAnchor).isActive = true
v3.topAnchor.constraint(equalTo: v1.topAnchor).isActive = true
v3.leftAnchor.constraint(equalTo: v2.rightAnchor, constant: 20).isActive =
true
v3.bottomAnchor.constraint(equalTo: v1.bottomAnchor).isActive = true
v3.widthAnchor.constraint(equalTo: v1.widthAnchor).isActive = true
v3.rightAnchor.constraint(equalTo: self.view.rightAnchor, constant:
```

```
-20).isActive = true
```

　　运行上面的代码，其布局效果与上一小节中使用 VFL 字符串进行布局的效果一致。在 iOS 9 后，UIView 的扩展中新增了许多自动布局锚点的属性，如表 6-3 所示。

表6-3　UIView的扩展中新增的自动布局锚点属性

| 属 性 名 | 意 义 | 类 型 |
|---|---|---|
| leadingAnchor | 前侧锚点 | NSLayoutXAxisAnchor |
| trailingAnchor | 后侧锚点 | NSLayoutXAxisAnchor |
| leftAnchor | 左侧锚点 | NSLayoutXAxisAnchor |
| rightAnchor | 右侧锚点 | NSLayoutXAxisAnchor |
| topAnchor | 上侧锚点 | NSLayoutYAxisAnchor |
| bottomAnchor | 下侧锚点 | NSLayoutYAxisAnchor |
| widthAnchor | 宽度锚点 | NSLayoutDimension |
| heightAnchor | 高度锚点 | NSLayoutDimension |
| centerXAnchor | 中心点 x 坐标锚点 | NSLayoutXAxisAnchor |
| centerYAnchor | 中心点 y 坐标锚点 | NSLayoutYAxisAnchor |
| firstBaselineAnchor | 文本首行基线锚点 | NSLayoutYAxisAnchor |
| lastBaselineAnchor | 文本末行基线锚点 | NSLayoutYAxisAnchor |

　　可以看到，上面所列举的锚点属性分别属于 3 个不同的类：NSLayoutXAxisAnchor 类、NSLayoutYAxisAnchor 类和 NSLayoutDimension 类。这些类都继承自 NSLayoutAnchor 类，其中封装了进行约束的方法，不同类型的锚点之间不能交叉进行约束，这样从编译时保证了布局的安全性。它们共同的父类 NSLayoutAnchor 中提供的约束方法如下：

```
// 进行相等约束
open func constraint(equalTo anchor: NSLayoutAnchor<AnchorType>) ->
NSLayoutConstraint
// 进行大于等于约束
open func constraint(greaterThanOrEqualTo anchor: NSLayoutAnchor<AnchorType>)
-> NSLayoutConstraint
// 进行小于等于约束
open func constraint(lessThanOrEqualTo anchor: NSLayoutAnchor<AnchorType>) ->
NSLayoutConstraint
// 约束的同时进行约束值的设置
open func constraint(equalTo anchor: NSLayoutAnchor<AnchorType>, constant c:
CGFloat) -> NSLayoutConstraint
open func constraint(greaterThanOrEqualTo anchor: NSLayoutAnchor<AnchorType>,
constant c: CGFloat) -> NSLayoutConstraint
open func constraint(lessThanOrEqualTo anchor: NSLayoutAnchor<AnchorType>,
constant c: CGFloat) -> NSLayoutConstraint
```

# 6.2　iOS 开发中的动画系统

　　动画技术使得应用程序的界面变得更加灵动。巧妙地使用动画可以让静态的页面更加有活力。iOS 应用程序的优质体验很多都要归功于流畅的动画效果。本节将系统地介绍 iOS 中的动画构建系统，包括动画的构建原理与 iOS 中创建动画的方式。

　　本节可以帮助读者更全面地掌握 iOS 界面开发中与动画相关的技术，提高业务开发与面试作答能力。

## 6.2.1　动画的本质

　　我们知道，电影之所以会动是因为其在快速地播放连续的图片组，动画的原理也是如此。人眼在捕捉到某个影像后，在此影像消失时，仍可使此影像在视网膜上停留短暂的一段时间（通常认为是 0.1~0.4 秒），人眼的这种效应被称为"视觉暂留"。因此，理论上，只要每秒钟播放 24 至 60 张图片，看起来这些图片就是连续的。通常电影每秒会播放 24 幅图片，iOS 设备的帧率更高，运行流畅时会保持每秒 60 帧的屏幕刷新率，即每秒对屏幕进行 60 次重绘。因此，理论上，只要我们将动画过程拆解到每一帧中，就会产生动画效果。

　　按照上面的思路，在 iOS 开发中，最直接的创建动画的方式是使用定时器，每秒对界面的状态进行重设，从而实现动画效果。示例代码如下：

```swift
override func viewDidLoad() {
    super.viewDidLoad()
    let view = UIView(frame: CGRect(x: 0, y: 100, width: 100, height: 100))
    view.backgroundColor = UIColor.red
    self.view.addSubview(view)
    let timer = Timer.scheduledTimer(withTimeInterval: 1/60.0, repeats: true) { (timer) in
        if (view.frame.origin.x < UIScreen.main.bounds.size.width - 100) {
            view.frame.origin.x = view.frame.origin.x + 1
        }
    }
    timer.fire()
}
```

　　运行代码，可以看到色块从屏幕左端缓慢地移动到了屏幕的右端。上面我们创建了一个每秒执行 60 次的定时器，在定时器的触发回调中进行了色块视图位置的重设，相当于每秒移动色块 60 次，每次向右移动 1 个像素，于是整个色块的移动看上去就是以动画的方式在运动。

　　在实际的应用中，如果要使用定时器这种方式进行动画的创建，使用 Timer 并非是一个好的选择，更多时候我们会选择 CADisplayLink 类。简单地理解，CADisplayLink 是一个定时器类。创建后，其会在每次屏幕刷新时被回调，因此 CADisplayLink 更适合用于手动的动画效果。除此之外，CADisplayLink 的触发方法在回调时，还可以获取距离上次调用的时间间隔（屏幕两次刷新的间隔时间），可以帮助开发者更好地掌控程序的帧率。CADisplayLink 使用的示例

代码如下:

```
super.viewDidLoad()
    animation2()
}
func animation2() {
    let view = UIView(frame: CGRect(x: 0, y: 100, width: 100, height: 100))
    view.backgroundColor = UIColor.red
    view.tag = 101
    self.view.addSubview(view)

    let displayLink = CADisplayLink(target: self, selector:
#selector(refresh))
    displayLink.add(to: RunLoop.current, forMode: .common)
}

@objc func refresh() {
    let view = self.view.viewWithTag(101)!
    if (view.frame.origin.x < UIScreen.main.bounds.size.width - 100) {
        view.frame.origin.x = view.frame.origin.x + 1
    }
}
```

运行代码, 可以看到动画执行的效果。

## 6.2.2　关于 CALayer

在日常开发中, 很少直接显式地使用 CALayer 类, 但是却又无时无刻不在使用着它。在界面开发中, 使用的组件几乎都继承自 UIView 类, 其实 UIView 类之所以可以将视图绘制在屏幕上, 是由其内部的 CALayer 提供的支持, 即 UIView 实际上是封装了显示与交互功能的上层组件, 其显示部分实际是由内部的图层负责的, 即 CALayer 实例。

平时在使用视图组件时, 对显示相关属性进行的设置最终都是对图层的设置, 例如设置背景色, 可以直接操作 UIView 的属性, 也可以直接操作其 CALayer 的属性, 例如:

```
let view = UIView(frame: CGRect(x: 100, y: 100, width: 100, height: 100))
view.backgroundColor = UIColor.red
view.layer.backgroundColor = UIColor.red.cgColor
```

上面两句设置背景色的代码有着完全相同的作用。除了 UIView 中显示相关的属性可以全部直接设置外, 还有一些未提供在 UIView 中的属性也可以在 CALayer 中直接设置, 例如常用的设置视图的圆角, 代码如下:

```
view.layer.cornerRadius = 20
view.layer.masksToBounds = true
```

　　CALayer 类中还提供了很多常用的属性，可以对视图的边框、阴影、三维变换等状态进行设置。这些属性的使用都非常简单，这里不再赘述。

　　一个 UIView 视图中可以添加多个图层，CALayer 与 UIView 类似，都是以树型的结构进行组织，可以向父图层中追加，插入新的图层，也可以将某个图层从父图层中删除，例如：

```
override func viewDidLoad() {
    super.viewDidLoad()
    let view = UIView(frame: CGRect(x: 100, y: 100, width: 100, height: 100))
    self.view.addSubview(view)
    view.backgroundColor = UIColor.red
    view.layer.backgroundColor = UIColor.red.cgColor
    let layer = CALayer()
    layer.frame = CGRect(x: 0, y: 0, width: 50, height: 50)
    layer.backgroundColor = UIColor.blue.cgColor
    view.layer.addSublayer(layer)
}
```

运行代码，效果如图 6-3 所示。

图 6-3　有多个图层的视图

用来管理图层树结构的方法和属性都定义在 CALayer 类中，常用的有如下几个：

```
// 获取父级图层，如果不存在为空
open var superlayer: CALayer? { get }
// 将当前图层从父图层上移出
open func removeFromSuperlayer()
// 获取当前图层的所有子图层
open var sublayers: [CALayer]?
// 向当前图层中添加一个子图层，添加的子图层会在最上层
open func addSublayer(_ layer: CALayer)
// 向当前图层中的指定位置插入一个子图层
open func insertSublayer(_ layer: CALayer, at idx: UInt32)
// 向当前图层中的子图层下面插入一个子图层
open func insertSublayer(_ layer: CALayer, below sibling: CALayer?)
// 向当前图层中的子图层上面插入一个子图层
open func insertSublayer(_ layer: CALayer, above sibling: CALayer?)
```

```
// 替换当前图层中的一个子图层
open func replaceSublayer(_ oldLayer: CALayer, with newLayer: CALayer)
```

注意，UIView 实例中自带的 CALayer 对象是一个只读属性，不能对其进行更改，但是对于自定义的 UIView 子类 layerClass 静态方法，为其返回一个 CALayer 的子类类型，则在进行 UIView 实例化的时候会自动将 UIView 实例中的层创建为所设置的类的实例。例如：

```
static override var layerClass: AnyClass {
    return CAGradientLayer.classForCoder()
}
```

## 6.2.3　CALayer 的隐式动画

CALayer 负责 UI 的渲染展示，因此其内也封装了动画的过程。实际上，在界面每次刷新时为组件设置不同的状态，让这一连串的状态连贯起来就可以形成动画。如果手动进行动画的创建，需要开发者明确每一帧刷新时的组件状态，有时并不容易，例如颜色渐变的动画，每个状态的颜色值计算并不十分简单。因此，CALayer 内部封装的很多属性默认都是可动画的，即只要开发者对这些属性进行了修改，都会产生动画渐变的效果，这种技术在 iOS 中叫作隐式动画。

默认情况下，创建的 UIView 实例中的 CALayer 实例都关闭了隐式动画功能，因此修改 UIView 的展示属性后会在下一次屏幕刷新时立即改变。但是，对于重新创建的 CALayer 对象，其隐式动画功能是默认开启的，当我们修改了其中可动画的属性时会自动计算动画过程中的状态变化，并以动画的方式进行展现，例如：

```
class ViewController: UIViewController {
    let layer = CALayer()
    override func viewDidLoad() {
        super.viewDidLoad()
        let view = UIView(frame: CGRect(x: 0, y: 100, width:
UIScreen.main.bounds.width, height: 100))
        self.view.addSubview(view)
        layer.frame = CGRect(x: 0, y: 0, width: 100, height: 100)
        layer.backgroundColor = UIColor.blue.cgColor
        view.layer.addSublayer(layer)
    }
    override func touchesBegan(_ touches: Set<UITouch>, with event: UIEvent?)
{
        layer.frame = CGRect(x: Int(arc4random() %
UInt32((UIScreen.main.bounds.width - 100))), y: 0, width: 100, height: 100)
    }
}
```

运行代码，每次点击屏幕，色块移动的过程都会以动画的方式展现。CALayer 中支持动画的属性很多，修改这些属性都会默认产生动画效果，如表 6-4 所示。

表6-4　CALayer中支持的动画属性

| 属 性 名 | 意 义 |
| --- | --- |
| bounds | 边界 |
| position | 位置 |
| zPosition | Z 轴位置 |
| anchorPoint | 锚点位置 |
| anchorPointZ | Z 轴锚点位置 |
| transform | 3D 变换 |
| isDoubleSided | 双面渲染 |
| sublayerTransform | 子图层的 3D 变换 |
| masksToBounds | 遮罩边界 |
| Contents | 内容图层 |
| contentsRect | 内容边界 |
| contentsScale | 内容缩放 |
| contentsCenter | 内容中心 |
| minificationFilterBias | 细节过滤因子 |
| backgroundColor | 背景颜色 |
| cornerRadius | 圆角半径 |
| borderWidth | 边框宽度 |
| borderColor | 边框颜色 |
| opacity | 透明度 |
| filters | 滤镜过滤器 |
| backgroundFilters | 背景滤镜 |
| shouldRasterize | 光栅化 |
| rasterizationScale | 光栅化缩放 |
| shadowColor | 阴影颜色 |
| shadowOpacity | 阴影透明度 |
| shadowOffset | 阴影偏移量 |
| shadowRadius | 阴影模糊半径 |
| shadowPath | 阴影路径 |

　　要理解 CALayer 的隐式动画特性，首先需要理解 CALayer 的图层结构与时空逻辑。图层结构与时空逻辑配合是 iOS 动画系统的行为基础。

　　CALayer 的图层结构比较容易理解。每一个 CALayer 中其实封装了两个平行的树状结构：一个被称为模型图层树；另一个被称为表示图层树。首先，模型图层中存储的是图层的属性数据，当我们对 CALayer 进行设置时，修改的就是模型层的数据，这些修改是立即生效的；表示层最终决定图层的渲染模样，在动画过程中，表示层 CALayer 对象中的对应属性是不停变化的。通过 CALayer 的如下属性可以获取到模型层对象与表示层对象：

```
    // 模型层对象
open func model() -> Self
    // 表示层对象
open func presentation() -> Self?
```

使用 model 方法获取到的模型层 CALayer 对象实际上就是当前 CALayer 实例本身，presentation 方法获取的是表示层的 CALayer 对象，任何时候，开发者都不应该手动地修改这个层对象的属性，其属性的变化是由系统进行驱动的，可以通过这个对象获取在某一时刻页面上展现的图层的真实状态属性。简单来讲，图层的静态状态由模型层定义，动态的展现效果由表示层决定。

图层的时空观是略微难理解的概念。首先，在 iOS 系统中，使用 CACurrentMediaTime 方法可以获取到系统的绝对时间，这个时间是相对于系统的内嵌时钟的，每次设备的重启都会重置。每一个 CALayer 对象内部也有一个时间轴，这个时间轴以系统的绝对时间为基准，决定了图层的渲染时间、动画速率等。CALayer 类实现了 CAMediaTiming 协议，这个协议中定义了与时空观相关的属性，具体如下：

```
public protocol CAMediaTiming {
    // 图层的起始时间
    var beginTime: CFTimeInterval { get set }
    // 图层的时长
    var duration: CFTimeInterval { get set }
    // 时间流逝速度
    var speed: Float { get set }
    // 起始时间偏移
    var timeOffset: CFTimeInterval { get set }
    // 时空重复次数
    var repeatCount: Float { get set }
    // 时空重复的总时长
    var repeatDuration: CFTimeInterval { get set }
    // 时空是否自动逆流
    var autoreverses: Bool { get set }

    // 填充模式
    var fillMode: CAMediaTimingFillMode { get set }
}
```

对于上面协议中定义的属性，可以通过其表现来进行理解。其中，首先 beginTime 表示当前图层时空观相对父图层的起始时间，即从这个时间开始，图层才开始渲染，默认为 0。因此，任何图层一旦创建就可以进行可视化的渲染。如果设置某个时间点为起始时间，那么只有到了这个时间点才会渲染图层，例如：

```
layer.beginTime = CACurrentMediaTime() + 2
```

设置上面的代码后，图层在创建两秒后才会被渲染。

duration 属性控制图层的存在时间，即图层从起始时间到图层时空观结束所持续的时间。例如，我们将其设置为如下形式则会在图层渲染 3 秒后消失：

```
layer.duration = CACurrentMediaTime() + 3
```

speed 属性设置图层时空观中的时间流逝速度，是相对其父图层的。例如，将图层的 speed 属性设置为 0.5，则当前图层的时间轴移动速度会减慢一半，本来 3 秒后会消失的图层会在 6 秒后消失，同样，隐式动画默认的执行时长是 0.25 秒，如果修改了图层的时间流逝速度，动画的执行速度也会改变。

timeOffset 用来为图层的本地时间设置一个偏移量，通常可以将 speed 设置为 0，外加设置一个合适的偏移量来使图层的时间轴暂停。

repeatCount、repeatDuration 和 autoreverses 属性用来设置当图层的时空观结束后的行为、是否循环或逆流等。

fillMode 属性设置在图层的时空观之外的时间图层的渲染行为，其默认行为为从渲染树中移除，即我们看到的默认行为，当时空观结束后图层也将消失，其可设置的行为定义如下：

```
extension CAMediaTimingFillMode {
    // 保留视图时空观中最后的状态
    public static let forwards: CAMediaTimingFillMode
    // 保留时空观中最初的状态
    public static let backwards: CAMediaTimingFillMode
    // 保留两端，时空观开始前是初始状态，结束后是最后的状态
    public static let both: CAMediaTimingFillMode
    // 不保留状态，直接移除
    public static let removed: CAMediaTimingFillMode
}
```

至此，我们基本了解了 CALayer 的渲染机制与时间轴原理，这其实也是 CoreAnimation 动画的核心原理。下一节我们将介绍隐式动画在应用层面的原理。

## 6.2.4　隐式动画的原理

通过上一小节的学习，我们已经对隐式动画有了基本的了解。首先，思考这样几个问题：

（1）隐式动画的执行时间默认为 0.25 秒，为什么？

（2）系统是如何判定一个属性的修改是否触发隐式动画的？

（3）为什么对 UIView 中的属性直接修改没有隐式动画产生？

学习完本节，上面的问题就会迎刃而解。首先，我们需要了解一个 iOS 动画系统中的概念：事务。

事务用来管理一系列属性动画，CATransaction 事务对象通过一系列的类方法来帮助开发者进行事务的创建、设置和提交。在主线程中，每一次 RunLoop 循环开始时，系统都会自动开启一次事务，当这次 RunLoop 循环将要结束的时候，会将事务进行提交。在这之间，任何

对 CALayer 中可动画属性的修改都会被事务收集起来，提交后开始执行默认时长为 0.25 秒的动画。我们也可以手动创建新的事务来管理动画，例如：

```swift
let layer = CALayer()
override func viewDidLoad() {
    super.viewDidLoad()
    layer.frame = CGRect(x: 0, y: 100, width: 100, height: 100)
    layer.backgroundColor = UIColor.red.cgColor
    self.view.layer.addSublayer(layer)
}
override func touchesBegan(_ touches: Set<UITouch>, with event: UIEvent?) {
    CATransaction.begin()
    CATransaction.setAnimationDuration(3)
    layer.backgroundColor = UIColor.blue.cgColor

CATransaction.setAnimationTimingFunction(CAMediaTimingFunction(name: .linear))
    CATransaction.setCompletionBlock {
        print("事务提交完成")
    }
    CATransaction.commit()
}
```

运行上面的代码，背景色渐变的隐式动画执行时间变成 3 秒，其实 0.25 秒的默认动画执行时长就是系统在每次开启事务时设置的默认值。

当我们修改了 CALayer 的某个属性时（不限于可动画的属性），都会触发一个图层动作。对于可动画的属性来说，图层动作最终负责创建动画对象。图层动作对象通过 CALayer 实例的 ActionForKey 方法获取，这个方法在查找对应的动作对象时有如下 4 条规则：

（1）如果 CALayer 对象的代理方法 actionForLayer 被实现，则从这个方法中获取。

（2）如果不满足规则一，则从 CALayer 实例的 actions 字典中获取。

（3）如果在图层的 actions 字典中没有找到对应的动作对象，则从图层的 style 字典中搜索。

（4）调用 CALayer 的类方法 defaultActionForKey 来获取默认的动作对象。

我们可以通过下面的示例代码来对上面的 4 条规则进行验证。首先创建一个自定义的类，使其继承自 CALayer 类，代码如下：

```swift
import UIKit
class MyLayer: CALayer {
    override func action(forKey event: String) -> CAAction? {
        print("MyLayer", event)
        return super.action(forKey: event)
    }
}
```

修改 ViewController 中的代码：

```swift
class ViewController: UIViewController, CALayerDelegate {
    let layer = MyLayer()
    override func viewDidLoad() {
        super.viewDidLoad()
        layer.frame = CGRect(x: 0, y: 100, width: 100, height: 100)
        layer.backgroundColor = UIColor.red.cgColor
        layer.delegate = self
        self.view.layer.addSublayer(layer)
    }
    func action(for layer: CALayer, forKey event: String) -> CAAction? {
        print(event)
        let animation = CABasicAnimation(keyPath: "backgroundColor")

        animation.toValue = UIColor.orange.cgColor
        return animation;
    }
    override func touchesBegan(_ touches: Set<UITouch>, with event: UIEvent?) {
    CATransaction.begin()
    CATransaction.setAnimationDuration(3)
    layer.frame = CGRect(x: 0, y: 200, width: 100, height: 100)
CATransaction.setAnimationTimingFunction(CAMediaTimingFunction(name: .linear))
    CATransaction.setCompletionBlock {
        print("事务提交完成")
    }
    CATransaction.commit()
    }
}
```

运行代码，通过打印信息可以看到 CALayer 动作对象的查找流程。在上面的代码中，我们也做了一些手脚，无论接收到什么类型的时间，都会返回一个背景色渐变的动画动作对象。因此，后面虽然对 CALayer 图层的位置进行了修改，但是其依然触发了背景色渐变的动画。其实，UIView 类就实现了 CALayerDelegate 协议，默认实现中将 actionForKey 方法始终返回空对象。UIView 通过这种方式默认关闭了隐式动画，在 iOS 开发中，对于简单的动画，还经常使用 UIView 的 animation 类方法来创建。其实在 animation 类方法的闭包中，UIView 将 actionForKey 方法恢复了默认实现，例如：

```swift
UIView.animate(withDuration: 3) {
    // 动画动作被重新应用
}
```

我们如果要对某个隐式动画进行关闭，一种方式是在 actionForKey 方法中返回空对象：

```swift
func action(for layer: CALayer, forKey event: String) -> CAAction? {
    return NSNull()
}
```

另一种方式更加简单，只需要在事务中将查找动作的行为关闭即可，如下：

```swift
override func touchesBegan(_ touches: Set<UITouch>, with event: UIEvent?) {
    CATransaction.begin()
    CATransaction.setAnimationDuration(3)
    CATransaction.setDisableActions(true)
    layer.frame = CGRect(x: 0, y: 200, width: 100, height: 100)
    layer.backgroundColor = UIColor.blue.cgColor
    CATransaction.commit()
}
```

## 6.2.5  各种常用的 CALayer 子类

QuartzCore 框架中定义了多种 CALayer 的子类，通过这些子类开发者可以更方便地实现复杂的界面渲染需求。常用的 CALayer 的子类有 CAEmitterLayer、CAGradientLayer、CAReplicatorLayer、CAScrollLayer、CAShapeLayer、CATextLayer 和 CATiledLayer。

CAEmitterLayer 被称为粒子图层，可以创建出炫酷的粒子效果动画，示例代码如下：

```swift
func emitterLayer() {
    // 图层设置
    let layer = CAEmitterLayer()
    layer.bounds = self.view.bounds
    layer.anchorPoint = CGPoint(x: 0, y: 0)
    layer.backgroundColor = UIColor.black.cgColor
    // 设置粒子的发射位置
    layer.emitterPosition = CGPoint(x: self.view.bounds.size.width / 2, y:
self.view.bounds.size.height / 2)
    // 设置渲染模式
    layer.renderMode = .additive
    // 设置粒子的默认生成速度
    layer.birthRate = 4
    // 设置粒子的大小
    layer.emitterSize = CGSize(width: 5, height: 5)

    // 进行粒子属性配置
    let cell = CAEmitterCell()
    // 发射角度 z 轴
    cell.emissionLatitude = CGFloat(-Double.pi / 2)
    // 发射角度 x-y 平面
    cell.emissionLongitude = 0
    // 粒子的内容（必须设置）
    cell.contents = UIImage(named: "img")?.cgImage
    // 粒子存在时长
    cell.lifetime = 1.6
    // 粒子的生成速度
    cell.birthRate = 100
    // 竖直方向速度
    cell.velocity = 400
    // 速度随机区间
    cell.velocityRange = 100
    // y 轴方向 x 加速度
    cell.yAcceleration = 250
```

```
// 发射角度随机区间
cell.emissionRange = CGFloat(Double.pi / 4)
// 颜色
cell.color = UIColor(red: 0.5, green: 0.5, blue: 0.5, alpha: 0.5).cgColor
// 颜色随机区间
cell.redRange = 0.5
cell.blueRange = 0.5
cell.greenRange = 0.5
layer.emitterCells = [cell]

self.view.layer.addSublayer(layer)
}
```

运行代码，效果如图 6-4 所示。

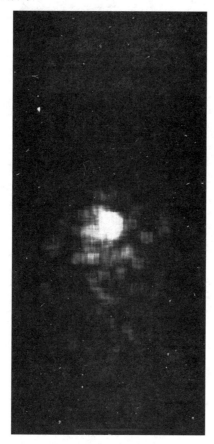

图 6-4　炫酷的粒子效果

　　CAEmitterLayer 与 CAEmitterCell 类中还有很多可设置的粒子属性，这里不再一一介绍，你可以通过实际代码实验来观察它们的作用，并且这些属性大多都是支持隐式动画的。

　　CAGradientLayer 是渐变图层，用来创建颜色渐变的视图，示例代码如下：

```
func grandientLayer() {
    let layer = CAGradientLayer()
```

```
    layer.colors = [UIColor.red.cgColor, UIColor.green.cgColor,
UIColor.blue.cgColor]
    layer.locations = [0.2, 0.5, 0.8]
    layer.startPoint = CGPoint(x: 0, y: 0)
    layer.endPoint = CGPoint(x:1, y:1)
    layer.frame = CGRect(x: 0, y: 0, width: self.view.frame.size.width, height:
self.view.frame.size.height)

    self.view.layer.addSublayer(layer)
}
```

运行代码，效果如图 6-5 所示。

图 6-5　颜色渐变图层

CAReplicatorLayer 是复制图层，是一个容器图层，放入其内的子图层会按照一定的规则
进行复制，例如：

```
func replicatorLayer() {
    let layer = CAReplicatorLayer()
    // 设置复制出的图层实例个数
    layer.instanceCount = 8
```

```
// 设置每次复制的 3D 变换
layer.instanceTransform = CATransform3DMakeTranslation(40, 40, 0)
// 设置颜色
layer.instanceColor = UIColor.red.cgColor
// 设置每次复制的颜色偏移
layer.instanceRedOffset = -0.1

let ins = CALayer()
ins.frame = CGRect(x: 0, y: 0, width: 100, height: 100)
ins.backgroundColor = UIColor.white.cgColor
layer.addSublayer(ins)
self.view.layer.addSublayer(layer)
}
```

运行代码，效果如图 6-6 所示。

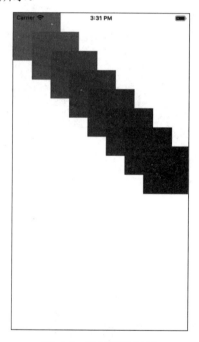

图 6-6　进行图层复制

CAScrollLayer 图层从命名上理解为可滚动的图层，需要注意的是，所有图层都只负责界面渲染，并不负责触摸事件的交互。因此，实际上 CAScrollLayer 只是一个实际内容比显示内容大的图层，其中提供了一些方法来控制显示实际内容的某个部分，代码如下：

```
// 设置滚动到某个点
open func scroll(to p: CGPoint)
// 设置滚动到某个范围
open func scroll(to r: CGRect)
```

CAShapeLayer 是图形图层，是提供给开发者进行自定义图形绘制的。关于图形绘制的更多内容会在后面介绍，这里我们先看一个 CAShapeLayer 图层的使用示例：

```swift
func shapeLayer() {
    let layer = CAShapeLayer()
    layer.frame = CGRect(x: 0, y: 0, width: 200, height: 200)
    // 设置填充颜色
    layer.fillColor = UIColor.red.cgColor
    // 设置线宽
    layer.lineWidth = 3
    // 设置线条颜色
    layer.strokeColor = UIColor.blue.cgColor
    // 绘制路径设置
    let path = UIBezierPath(arcCenter: layer.position,
    radius: 100,
    startAngle: 0,
    endAngle: CGFloat(2 * Float.pi),
        clockwise: true).cgPath
    layer.path = path
    layer.position = self.view.center
    self.view.layer.addSublayer(layer)
}
```

运行代码，效果如图 6-7 所示。

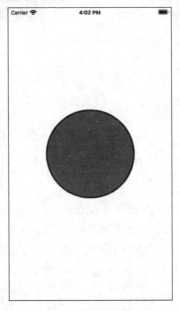

图 6-7　进行图形绘制

CATextLayer 和 CATiledLayer 图层分别用来渲染文字与大图片，并提供了设置文字与渲染图片区域的方法。相较于 UIView 层的组件，它们拥有更好的性能表现。

## 6.2.6　Core Animation 核心动画技术

Core Animation 是 Apple 提供的一套基于绘图的动画框架，在 iOS 的绘图架构中，最底层为图形硬件（Graphics Hardware）服务，其上面是使用 C 语言封装的一套应用层的 API，即 OpenGL ES/ OpenGL 与 Core Graphics，再上面就是本节我们需要学习的 Core Animation 框架。

在 CoreAnimation 框架中，最核心的类为 CAAnimation 类，其中封装了动画对象的基础属性，包括 3 个子类：CAPropertyAnimation 类、CAAnimationGroup 类和 CATransition 类。CAPropertyAnimation 类用来创建属性动画，CAAnimationGroup 类用来创建组合动画，CATransition 类用来创建转场动画。CAAnimation 类中可配置的与动画相关的属性如表 6-5 所示。

表6-5　CAAnimation类中可配置的与动画相关的属性

| 属 性 名 | 类 型 | 意 义 |
| --- | --- | --- |
| timingFunction | CAMediaTimingFunction | 配置时间函数 |
| delegate | CAAnimationDelegate | 动画代理 |
| isRemovedOnCompletion | Bool | 设置动画结束后是否自动移除 |

我们先说 CAPropertyAnimation 类。所谓属性动画，即是改变 CALayer 图层的某个可动画属性时，展示动画效果，其与隐式动画的作用基本一致，只是使用动画类创建的动画更容易进行配置和管理。其中的动画属性如表 6-6 所示。

表6-6　CAPropertyAnimation类的动画属性

| 属 性 名 | 类 型 | 意 义 |
| --- | --- | --- |
| keypath | String | 要进行动画的属性 |
| isAdditive | Bool | 动画值是否叠加 |
| isCumulative | Bool | 动画效果是否累计 |

在实际应用中，我们不会直接使用 CAPropertyAnimation 类，我们会使用它的子类来进行具体动画对象的创建。CABasicAnimation 类是继承自 CAPropertyAnimation 的一个基础动画类，其中有 3 个用来控制具体动画过程的属性，如表 6-7 所示。

表6-7　CABasicAnimation类中用于控制动画的3个属性

| 属 性 名 | 类 型 | 意 义 |
| --- | --- | --- |
| fromValue | Any? | 设置动画的起始值 |
| toValue | Any? | 动画的终止值 |
| byValue | Any? | 动画的插值 |

表 6-7 中的 3 个属性有这样的规则：

● 如果 fromValue 和 toValue 不为空，则动画从 fromValue 的值变化到 toValue 的值。

● 如果 fromValue 和 byValue 不为空，则动画从 fromValue 的值变化到

fromValue+byValue 的值。

- 如果 toValue 与 byValue 不为空，则动画从 toValue-byValue 的值变化到 toVlaue 的值。
- 如果只有 fromValue 不为空，则动画从 fromValue 的值变化到图层属性当前的值。
- 如果只有 toValue 不为空，则动画从图层属性当前的值变化到 toValue 的值。
- 如果只有 byValue 不为空，则动画从图层属性当前的值变化到当前值+byValue 的值。

示例代码如下：

```
let animation = CABasicAnimation(keyPath: "backgroundColor")
animation.fromValue = UIColor.red.cgColor
animation.byValue = UIColor.green.cgColor
animation.duration = 3
self.view.layer.add(animation, forKey: "Animation")
```

除了 CABasicAnimation 外，CAPropertyAnimation 还有另一个子类 CAKeyframeAnimation，被称为帧动画类。CABasicAnimation 只能设置动画的开始点与结束点，CAKeyframeAnimation 则更加灵活，我们可以在动画的过程中插入任意个关键点，示例如下：

```
let animation = CAKeyframeAnimation(keyPath: "backgroundColor")
// 设置多段动画
animation.values = [UIColor.red.cgColor, UIColor.green.cgColor,
UIColor.blue.cgColor]
// 设置每段动画的时间占比
animation.keyTimes = [NSNumber(value: 0),NSNumber(value: 0.5),NSNumber(value:
0.8)]
animation.duration = 10
self.view.layer.add(animation, forKey: "Animation")
```

在 iOS 9.0 之后，CoreAnimation 中又新增了一个名为 CASpringAnimation 的类，这个类是 CABasicAnimation 类的子类，专门用来创建阻尼动画，即可以配置属性动画执行过程中弹性相关的属性。

CAAnimationGroup 本身并不是用来定义动画的，而是一个动画组，其内部只定义了一个属性：

```
open var animations: [CAAnimation]?
```

当需要同时执行一组动画的时候，可以将动画放入 CAAnimationGroup 的 animations 属性中，之后直接将这个动画组对象添加到 CALayer 图层上即可。

CATransition 用来创建转场动画。转场动画与属性动画的不同之处在于，属性动画会在图层属性发生变化时执行，而转场动画会在图层将要出现或消失时执行。示例如下：

```
self.view.layer.backgroundColor = UIColor.red.cgColor
let animation = CATransition()
animation.type = CATransitionType.push
animation.subtype = CATransitionSubtype.fromTop
```

```
animation.duration = 3
self.view.layer.add(animation, forKey: "Animation")
```

其中，type 和 subType 用来定义转场的效果。

# 6.3　iOS 中的绘图技术

我们在 iOS 设备上看到的任何页面都是通过绘图技术绘制出来的。作为 iOS 应用开发者，除了自定义的界面绘制需要直接使用到绘图技术外，深入地了解页面的绘制原理也可以帮助我们更好地进行页面性能的调优以及更深入地理解 iOS 程序的运行机制。

本节，将专门介绍 iOS 中的图形绘制原理，并通过实例介绍在 iOS 中常用的自定义绘图 API，同时也为页面的性能优化提供一些参考思路。

## 6.3.1　屏幕渲染原理

有时候，当我们使用到一些性能优化工作做得不太成功的应用时，经常会遇到页面卡顿的情况，这种卡顿不会使应用程序崩溃，却会阻塞用户的操作，让用户体验变得非常差。在前面我们学习过 CADisplayLick 类，其可以创建与页面刷新频率一致的定时器，其实页面的卡顿就是由于页面刷新率过低造成的。

正常的 iOS 应用页面的刷新率为 60FPS，即每秒钟会刷新 60 次，保持这种刷新率的程序在用户看来是非常流畅的，那么设备如何保证每秒进行 60 次的屏幕刷新呢？这就需要先从屏幕的渲染原理说起了。

显示屏的作用是将图像显示在屏幕上，但是图像要显示在屏幕上，需要有一个提供者（GPU 处理器）来提供图像数据。我们在前面说过，iOS 应用的正常刷新率是 60FPS，也就是说，屏幕要每秒钟向 GPU 索要 60 次图像数据，那么我们思考一个问题，即 GPU 提供图像数据的速度与显示屏索要的图像速度不一致会产生什么样的后果。

如果屏幕的刷新率低于 GPU 的图像渲染速度，例如屏幕刷新率是每秒 60 帧，而 GPU 渲染图像的速度是每秒 80 帧，则在屏幕两次刷新的间隔中，GPU 会比显示屏多渲染 1/3 帧，这会造成屏幕中一部分为当前帧的图像、一部分为下一帧的图像，致使屏幕撕裂。

如果屏幕的刷新率高于 GPU 的图像渲染速度，例如屏幕的刷新率是每秒 60 帧，而 GPU 渲染图像的速度是每秒 45 帧，这样也会产生屏幕撕裂。因为在两次刷新间隔中，GPU 会少渲染 1/3 帧，屏幕中一部分会显示当前帧的画面、一部分会显示上一帧的画面。

要保持 GPU 的图像渲染速度与显示屏的刷新速度完全一致几乎是不可能的，图像数据的计算时间会受到各种原因的影响。为了解决这个问题，屏幕渲染时会采用缓存区加垂直同步的技术来保证不产生屏幕撕裂。缓存区是指当 GPU 计算染成图形数据后，先将其缓存起来，屏幕需要刷新时，从缓存区获取图像数据进行刷新，为了保证在缓存区中的图像数据被屏幕读取完成之后再放入新的缓存数据，缓存区被分为两部分：一部分为帧缓存区，一部分为后备缓存区。当帧缓存区中的数据被屏幕渲染后，后备缓存区的数据会被复制到帧缓存区，等屏幕下次刷新使用。这种垂直同步的技术（V-Sync）保证了屏幕不会出现撕裂情况，但这并不是说屏幕的刷新永远可以完美地进行,当屏幕需要刷新时如果 GPU 没有准备好要渲染的图像数据,则屏幕会继续使用当前帧的数据进行渲染,产生"掉帧"问题,即我们总是说的卡顿;当 GPU 准备数据的速度由于各种原因极速下降时,屏幕的刷新率 FPS 也会急剧下降。

因此,做 iOS 应用的渲染性能优化,实际上就是要保证在每次垂直同步的时间点到达前准备好下一帧要渲染的数据。

## 6.3.2 iOS 页面渲染的过程

在 iOS 开发过程中,经常使用到各种各样的视图控件,例如通过对 UIImageView 进行简单的配置就可以将图片显示在界面上。之所以可以如此快速地将图像渲染到屏幕上,是源于开发框架将复杂的操作逻辑从低层至应用层一层一层地进行了封装,UIKit 框架已经是一个非常简洁、非常上层的 UI 框架,仅仅使用这一个框架就可以完成大部分的 iOS 界面开发需求。然而事实上,将 UIKit 中的组件渲染到屏幕的过程并不简单。图 6-8 描述了这一过程中所涉及的各种框架。

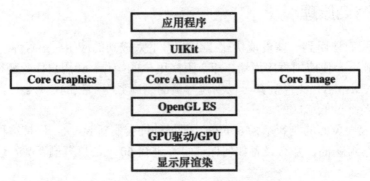

图 6-8　界面渲染的过程

在开发 iOS 应用程序时,我们最常使用的界面框架是 UIKit。UIKit 内部会调用 Core Graphics、Core Animaiton 和 Core Image 框架中的相关功能进行图像渲染。UIKit 除了拥有渲染图像的功能外,还集成了用户交互处理的功能,是一个非常易用的上层框架。

有时,当我们需要使用到一些图像处理的高级功能时,不得不直接调用比 UIKit 更底层的框架,例如为组件添加边框、圆角、阴影等。其中,Core Animation 框架负责将要显示的内容进行整理分层,方便开发者通过图层来管理页面的内容展示逻辑,其也会提供核心的动画功能。我们在 iOS 开发中使用到的很多以 CA 为前缀的类型都是这个框架中的。

Core Graphics 框架用于在运行时进行图像的绘制,基于路径的绘图、图形的 3D 变换以及 PDF 文档的处理等都需要使用这个框架。在开发中很多以 CG 为前缀的类型都是这个框架中的。

Core Image 是一个非常强大的图片处理框架,既可以生成图片,也可以对图片进行各种过滤处理,并且可以借助 CPU 和 GPU 的功能进行图像运算。我们使用到的很多以 CI 为前缀的类型都是这个框架中的。

上面所提到的 3 个界面渲染框架最终都会借助 OpenGL ES 库将处理后的图像渲染到屏幕。OpenGL ES 库是 OpenGL 库的子集,主要用于将要渲染的数据提交给 GPU,由 GPU 最终驱动进行显示。

通过上面框架的介绍，我们基本上可以将整个渲染过程分为两个阶段：在 OpenGL ES 之前的过程主要由 CPU 负责完成，称为前阶段；在 OpenGL ES 后面的过程主要由 GPU 负责完成，称为后阶段。要保证应用程序始终保持 60FPS 的刷新率，就要想方设法地分别在这两个阶段节省时间，毕竟在屏幕渲染下一帧数据前程序只有约 16.67ms 的时间来完成这些事情。下面我们就来分析一下在这两个阶段中系统都要完成哪些工作。

当应用程序接收到事件要进行页面的更新时，首先会更新视图树与模型树，如果有隐式动画产生，还需要更新图层树。这些任务需要由 CPU 来完成。

更新完成视图与图层的相关数据后，需要使用 CPU 完成一系列的计算工作，包括视图的创建、布局位置的计算、图片数据的解码、文本的渲染等。当计算工作完成后，这些信息会统一提交到渲染服务（Render Server）进行渲染。渲染服务通过 Open GL 等相关的软件来调用 GPU 执行。

GPU 完成图像的绘制，最终两步缓存将图像显示在屏幕上。

## 6.3.3　图层的绘制

Core Animation 中的 CALayer 图层也可以理解为纹理。纹理是 GPU 渲染中常用的概念，其使用像素信息描述一块区域。图像的渲染实际上就是将多个有层次的纹理进行合成，通过合成计算得到某个像素点最终的 RGBA 值进行渲染。纹理的合成过程并不复杂，只需要将相同位置的像素进行合成即可。下面的公式描述了像素的合成过程：

```
R = S * Sa + D * Da * (1 - Sa)
```

其中，S 表示上层纹理像素的 RGB 值，Sa 表示上层纹理像素的透明度，D 表示下层纹理像素的 RGB 值，Da 表示下层纹理像素的透明度，结果 R 为最终要渲染的像素值。如果上层纹理是不透明的，则上面的公式可以简化为：

```
R = S
```

如果上层纹理为蓝色，那么最终渲染的颜色也将为蓝色。如果上层纹理有透明度，假设为 50%，同时下层纹理的颜色为红色，则使用上面的公式计算如下：

```
R = (0, 0, 1) * 0.5 + (1, 0, 0) * 1 * (1 - 0.5) = (0, 0, 1) * 0.5 + (1, 0, 0)
* 0.5 = (0, 0, 0.5) + (0.5 ,0, 0) = (0.5, 0, 0.5)
```

上面的公式运算后，最终的渲染的颜色为紫色，这与红蓝两色混合后的视觉效果是一致的。

图层是图像绘制的基础，在 iOS 中，每一个 CALayer 对象都会开辟一块临时的存储空间来存放图层数据。CALayer 的图层数据可以有两种来源方式：一种是通过图片来加载图层数据；另一种是通过自定义的绘制接口来创建图层数据。

使用图片来作为 CALayer 的图层数据比较简单，直接对 CALayer 对象的 contents 属性进行设置即可。注意，Core Animation 是一个较为通用的框架，因此 CALayer 的 contents 属性的值的类型为 Any，但是在 iOS 程序中，其只可以设置为 CGImage 图片对象。

手动绘制 CALayer 的图层数据需要借助 Core Graphics 框架中的接口，前面我们有介绍过，每一个 UIView 对象的内部都有一个 CALayer 图层对象，并且 UIView 默认实现了 CALayerDelegate 协议中的方法，在介绍隐式动画时我们就有使用过这个协议，当一个 CALayer 要被绘制时，其首先会检查 CALayer 的代理对象（UIView 对象）是否实现了 display 方法，如果实现了就会进行调用。协议中的 display 方法如下：

```
optional func display(_ layer: CALayer)
```

开发者可以重写 UIView 的 display 方法来为 CALayer 的 contents 属性进行赋值，但是有一点需要注意，display 方法不能被开发者手动进行调用。如果需要对某个图层进行重绘，需要调用 setNeedsDisplay 方法来将其进行标记，在下一次事务提交时会对此图层进行更新。示例如下：

```swift
import UIKit
class CustomView: UIView {
    override func display(_ layer: CALayer) {
        print("display")
    }
}
class ViewController: UIViewController {
    override func viewDidLoad() {
        super.viewDidLoad()
        let customView = CustomView(frame: self.view.bounds)
        customView.backgroundColor = UIColor.red
        self.view.addSubview(customView)
        customView.layer.setNeedsDisplay()
    }
}
```

如果没有实现自定义的 display 方法，则会检查 CALayerDelegate 协议的实现者是否实现了 draw 方法。这个方法会创建一个空的纹理容器，并将操作此容器的上下文作为参数传入。我们可以使用此上下文直接进行图层的绘制，例如：

```swift
import UIKit
class CustomView: UIView {

    override func draw(_ layer: CALayer, in ctx: CGContext) {
        ctx.addRect(CGRect(x: 0, y: 0, width: 100, height: 100))
        ctx.setFillColor(UIColor.red.cgColor)
        ctx.fillPath()
    }
}
class ViewController: UIViewController {
    override func viewDidLoad() {
        super.viewDidLoad()
```

```
        let customView = CustomView(frame: self.view.bounds)
        self.view.addSubview(customView)
        customView.layer.setNeedsDisplay()
    }
}
```

运行代码，会在屏幕上绘制出一个红色的矩形，如图 6-9 所示。

图 6-9　自定义绘制

现在，我们对 CALayer 有了更深的理解。在进行图层的手动绘制时，会使用到非常多的
Core Graphics 框架中的接口，将在下一节做更具体的介绍。

### 6.3.4　使用 CGContext 手动绘制图层

CGContext 对象通常也被称为绘图上下文，其提供了一系列接口，可以让开发者手动地定
义图层的内容。使用 Core Graphics 框架中的接口进行图层的绘制可以分为 3 步：

（1）对绘制参数进行配置。

（2）定义绘制图形的路径。

（3）进行绘制。

例如，要在图层上绘制出一段折线非常容易，代码如下：

```
override func draw(_ layer: CALayer, in ctx: CGContext) {
    // 设置线宽
    ctx.setLineWidth(3)
    // 设置颜色
    ctx.setStrokeColor(UIColor.red.cgColor)
```

```
    // 进行线段定义
    ctx.move(to: CGPoint(x: 100, y: 100))
    ctx.addLine(to: CGPoint(x: 200, y: 200))
    ctx.addLine(to: CGPoint(x: 200, y: 300))
    ctx.addLine(to: CGPoint(x: 100, y: 300))
    // 进行绘制
    ctx.strokePath()
}
```

move 方法用来将移动当前绘制的起点，addLine 方法用来定义一段线段，最后调用 strokePath 方法来进行绘制。注意，在绘制前，需要设置线宽、线条颜色、填充颜色等属性。效果如图 6-10 所示。

图 6-10　绘制线段

同样，也有接口提供了绘制矩形、圆形等图形的支持，例如：

```
override func draw(_ layer: CALayer, in ctx: CGContext) {
    self.addRect(ctx: ctx)
}
func addRect(ctx: CGContext) {
    // 设置线宽
    ctx.setLineWidth(3)
    // 设置线条颜色
    ctx.setStrokeColor(UIColor.red.cgColor)
    // 设置填充颜色
    ctx.setFillColor(UIColor.blue.cgColor)
    // 定义矩形
    ctx.addRect(CGRect(x: 100, y: 100, width: 100, height: 100))
    // 填充图形
```

```
ctx.fillPath()
// 定义矩形
ctx.addRect(CGRect(x: 100, y: 100, width: 100, height: 100))
// 绘制边框
ctx.strokePath()
}
```

注意，每次绘制后会将之前定义的图形清空，因此如果需要同时绘制边框和填充内容，就需要每次绘制结束后重新定义图形。运行上面的代码，效果如图 6-11 所示。

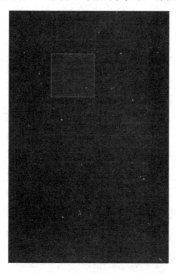

图 6-11　绘制矩形

除了上面介绍的绘制代码外，CGContext 还可以做很多事情，例如通过贝塞尔曲线绘制图形、使用图片绘制图层以及对绘制的图层进行旋转、缩放等变换。这里不再一一演示，读者可以自行编写代码进行测试。

# 6.4　页面的性能优化

页面性能优化是应用性能优化的重要一环，能够最直观地提高用户的使用体验。在面试中，关于性能优化的方法也是面试官经常考查的。在前面的学习中，我们了解了页面渲染的基本原理，基于这些基本原理进行分析，也可以总结出一些页面性能优化的关注点。注意，所有对性能进行的优化都要依赖于实际的指标，因此在实际工作中，进行性能优化前一定要使用相关工具（如 Instruments）进行性能检测，找到性能的瓶颈点进行优化。

## 6.4.1　控制图层数量

编写一个复杂的页面通常需要使用到非常多的图层，前面说过 iOS 设备在屏幕刷新两帧图像之间的间隔时间要在 16.7ms 以内才可以保证 60 帧的刷新率，而这 16.7ms 的时间内又需要包含 CPU 处理时间与 GPU 处理时间。CPU 处理时间包括对象创建耗时、布局计算耗时、图片加载解压耗时、图像绘制数据处理耗时等，当 CPU 全部处理完这些工作后会将最终的数据提交给 Render Server 调用 GPU 进行渲染。因此，对于 CPU 处理时间的优化效果可以通过 Instruments 工具中的 Core Animation Commits 工具进行观察。

在每帧图像渲染之前，首先要做的就是视图对象的创建布局等。大量的视图处理必然会消耗更多的时间，但是 iOS 设备的屏幕尺寸是有限的，一屏可以展示的图像也是有限的，因此如果某些图层超出了屏幕的边界，那么我们没有必要对它进行处理。例如，新建一个 Xcode 工程，在 ViewController.swift 文件中编写如下测试代码：

```swift
import UIKit

class ViewController: UIViewController, UITableViewDelegate,
UITableViewDataSource {
    class ViewControllerCell: UITableViewCell {
        override init(style: UITableViewCell.CellStyle, reuseIdentifier:
String?) {
            super.init(style: style, reuseIdentifier: reuseIdentifier)
            self.setupUI()
        }
        required init?(coder: NSCoder) {
            fatalError("init(coder:) has not been implemented")
        }
        func setupUI() {
            for _ in 0 ... 2000 {
                let v = UIView(frame: CGRect(x: i, y: 0, width: 10, height: 10))
                v.backgroundColor = UIColor.red
                self.contentView.addSubview(v)
            }
        }
    }
    lazy var tableView:UITableView! = {
        let tableView = UITableView(frame: self.view.bounds, style: .plain)
        tableView.register(ViewControllerCell.classForCoder(),
forCellReuseIdentifier: "ViewControllerCell")
        tableView.delegate = self
        tableView.dataSource = self
        return tableView
    }()
    override func viewDidLoad() {
        super.viewDidLoad()

        self.view.addSubview(self.tableView)
```

```
    }
    func tableView(_ tableView: UITableView, numberOfRowsInSection section:
Int) -> Int {
        return 1000
    }
    func tableView(_ tableView: UITableView, cellForRowAt indexPath: IndexPath)
-> UITableViewCell {
        let cell = tableView.dequeueReusableCell(withIdentifier:
"ViewControllerCell", for: indexPath)
        return cell
    }
}
```

上面的示例代码比较极端，在每次 cell 重用时都在 cell 上创建了 2000 个小视图，并且只有极少一部分的视图会被显示在屏幕上，其他的都将超出屏幕范围。运行代码，使用 Instruments 观察应用运行性能（需要在真机上测试才有效果），性能数据如图 6-12 所示。

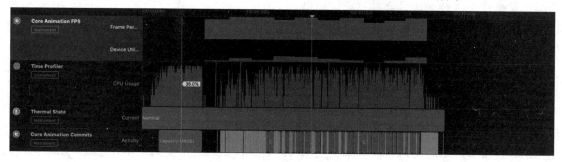

图 6-12 Instruments 性能数据图

我们主要观察图 6-12 中的 Core Animation FPS 和 Core Animation Commits 指标。Core Animation Commits 指标记录了每次 CPU 处理完成图像数据提交到 GPU 渲染的时间，显示为绿色表示时间耗时非常小，黄色和红色表示耗时很长，这时必然会影响到应用的帧率。Core Animation FPS 会检测出应用的实时帧率。将上面的示例应用在 iPhone 6 设备上，当用户滑动列表时，应用会非常卡顿，帧率下降到 10FPS 以内。

在实际开发中，上面示例代码的场景几乎不会存在，除非有一些特殊需求，否则对于无法展示在屏幕上的视图，也没有必要去处理它。对于 UITableView 来说，系统的重用机制使得 cell 一滑动出屏幕就会被回收，大大提高了列表的渲染性能。

当每一帧的图像纹理数据提交到 GPU 后，我们知道 GPU 要对纹理数据进行混合处理，这是一个耗时的操作。因此，当页面中有多个图层时，如果图层不需要透明，一定要将其 opaque 设置为 YES。Core Animation 非常智能，会对不透明的图层进行处理，避免不必要的混合操作。修改代码如下，再次运行 Instruments，帧率会有所提高：

```
func setupUI() {
    for i in 0 ... 2000 {
        let v = UIView(frame: CGRect(x: 0, y: 0, width: 10, height: 10))
```

```
    v.backgroundColor = UIColor.red
    v.alpha = 0.5
    self.contentView.addSubview(v)
  }
}
```

进行页面性能优化的第一步就是将不必要的图层渲染移除：一方面是将屏幕外的无用渲染处理去掉，可以仿照 UITableView 的重用机制进行处理；另一方面是将无用的混合操作去掉，对于不需要透明的图层使用纯色背景或设置为不透明的图片。使用模拟器的 Color Blended Layers 功能可以查看当前页面的混合情况；页面显示为红色的部分表示有进行混合；页面显示为绿色的部分表示没有进行混合。理想状态下，如果一个页面中不存在透明的图层，使用 Color Blended Layers 查看时将不存在红色的部分。

## 6.4.2　合理使用离屏渲染

离屏渲染在 iOS 页面优化中经常会遇到。首先，需要明白究竟什么是离屏渲染，离屏渲染的本意是什么，什么场景会触发离屏渲染。

视图的渲染可分为两种方式：当屏渲染和离屏渲染。当屏渲染专指 GPU 将要显示的纹理处理后直接渲染到用于当前显示的屏幕缓存区中。离屏渲染是指在当前屏幕缓存区外开辟一个新的缓存区进行渲染。由于离屏渲染是在额外的缓存区中进行的，因此离屏渲染既可以被 GPU 执行，也可以被 CPU 执行。离屏渲染本身是图形渲染技术中的一种优化，由于离屏渲染的存在，我们可以在图像真正被渲染之前做许多预处理的事情，比如图层的合成等。但是，离屏渲染的性能代价是很高的：首先，其要创建一个额外的缓存区进行渲染操作；其次，当离屏渲染结束后，要将离屏渲染的内容在屏幕上显示，需要进行绘制上下文的切换。因此，如果在代码中不合理地触发了离屏渲染，就将造成十分严重的性能损耗。本节将针对离屏渲染提供优化的思路。

使用系统方法直接对视图设置圆角是可能产生离屏渲染的，但并不是设置了圆角就一定会产生离屏渲染。在 iOS 9 之后，系统对圆角的处理做了很大的优化，UIView、UIImageView 在大多数情况下设置圆角都将不会再触发离屏渲染，但是使用了图片的 UIButton、UILabel 等组件的圆角依然会触发离屏渲染，例如：

```
let v = UIButton(frame: CGRect(x: 35 * i, y: 10, width: 30, height: 30))
v.layer.cornerRadius = 5
v.layer.masksToBounds = true
v.setImage(UIImage(named: "img"), for: .normal)
```

当屏幕上出现较多的此类圆角组件时，在页面刷新时帧率会明显下降，并且使用 Color Off-screen Rendered 工具也可以检查出触发了离屏渲染的组件，如图 6-13 所示。

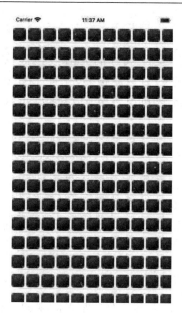

图 6-13　检查离屏渲染

　　其实，当对图层进行裁剪、蒙板、阴影等操作时都会触发离屏渲染，设置圆角的本质就是使用特殊形状的图层对原图层进行遮罩。使用如下代码也可以实现效果一样的圆角，但同样会触发离屏渲染：

```
let v = UIButton(frame: CGRect(x: 35 * i, y: 10, width: 30, height: 30))
v.setImage(UIImage(named: "img"), for: .normal)
let layer = CAShapeLayer()
layer.path = UIBezierPath(roundedRect: CGRect(x: 0, y: 0, width: 30, height:
30), byRoundingCorners: UIRectCorner.allCorners, cornerRadii: CGSize(width: 5,
height: 5)).cgPath
v.layer.mask = layer
```

　　处理这种由离屏渲染引发的性能问题，最简单的方式是直接使用圆角图片，不在代码层面做裁剪操作。除此之外，我们也可以开启 CALayer 的光栅化，将图层缓存为图像数据。这种场景下虽然也会触发离屏渲染，但是裁剪合成的操作结果会被缓存，在屏幕快速刷新时不需要频繁地进行运算。示例代码如下：

```
v.layer.shouldRasterize = true
```

　　图层的光栅化是一把双刃剑：如果图层在复用时没有变化，则光栅化可以极大地提高性能；如果图层每次刷新都有变化，则每次都需要重新进行光栅化缓存，不仅不利于性能的提高，还带来了额外的性能开销。

## 6.4.3　更多提高页面性能的方式

　　在日常开发中，有很多细节都会影响到页面的性能。Xcode 也提供了相关的工具来对这些指标进行监控。

### 1. Color Copied Images

Apple 设备的 GPU 对图片的处理有特殊的优化，不过只解析 32 位的颜色格式。如果图片素材的颜色格式不是 32 位的，则 CPU 会承担额外的转换工作，无疑会带来额外的性能开销。因此，在使用图片素材时要使用合适的颜色格式。模拟器的 Color Copied Images 工具可以将不合适的图片标记出来。

### 2. Color Misaligned Images

对于图片或组件的绘制，如果其设置的尺寸无法和屏幕上的像素点完全对应，就会产生像素对齐问题。即需要通过额外的计算来进行抗锯齿处理，这也会造成 CPU 性能的消耗。在处理这类问题时，如果是图片，则将图片的尺寸调整到像素对齐；如果是组件，则可以在计算完组件的尺寸后进行取整操作。

### 3. 避免频繁地修改视图树的结构

对视图树的计算会非常耗时，尤其是有非常多的视图添加与移除操作时。如果开发中存在这样的场景，应尽量复用页面上现有的元素。通过布局的修改来刷新页面而不是将所有子视图移除后重新添加。

# 6.5  回顾、思考与练习

本章所涉及的内容基本都是与界面开发相关的。在 iOS 开发中，页面开发常常被认为是简单的工作，但是在页面开始的同时考虑页面的性能问题就不那么简单了，这需要开发者对页面的渲染机制有非常深入的了解。

在面试中，页面的性能优化也是应用优化中非常重要的一项。本章的内容可以帮助你更好地回答这类问题。

## 6.5.1  回顾

回想一下自动布局技术的原理。你之前是否写过互相冲突的约束呢？在之前的开发工作中，你有遇到过非常难实现的动画效果吗？现在是否有实现思路了？将你之前所编写的复杂页面使用 Instruments 工具检测一下，看看是否有可以优化的地方。

## 6.5.2  思考与练习

1. 简述自动布局技术的原理以及其布局性能如何。
2. iOS 应用为什么可以流畅地运行动画？iOS 的动画框架是怎样的？
3. 离屏渲染是如何被触发的？它对性能有怎样的影响？
4. UIVIew 与 CALyaer 有什么区别？

# 第7章

## 多线程核心知识

多线程是一种软件实现多个线程并发执行任务的技术。在 iOS 开发中，实现多线程的方式有很多种，常用的有 pthread、NSThread、GCD 与 NSOperation。在实际应用中，多线程技术也有非常多的使用场景，比如异步的网络请求、异步的图片加载、后台执行复杂任务等。

在 iOS 相关技术岗位的面试中，多线程技术更是必考项。作为开发者，除了能够熟练使用常用的多线程编程技术外，对于复杂场景的多线程及解决方案也要有所了解，例如互相依赖的任务的线程分配、多队列组的应用、死锁场景的分析和优化等。

本章将详细介绍 pthread、NSThread、GCD 与 NSOperation 这几种多线程编程接口的应用，并帮助读者分析多线程编程常出现的风险场景与解决方案。

**面试前的冥想**

(1) 什么是 pthread 接口，如何使用？

(2) 如何使用 NSThread 类？

(3) 什么是 GCD 接口，如何使用？

(4) 如何使用 NSOperation 类？

(5) 常见死锁有哪些解决方案？

## 7.1 pthread 多线程技术的应用

pthread 是 POSIX Threads 的缩写，POSIX 是 Protable Operating System Interface 的缩写，可以指操作系统接口。因此，pthread 本质是可移植操作系统接口标准中有关多线程部分的实现。其是由 C 语言编写的一套多线程接口，可用于 Linux、Windows 和 iOS 等操作系统。

### 7.1.1　pthread 的简单使用

直接使用 pthread 来创建一个新的线程并执行任务非常简单，示例代码如下：

```objc
#import "ViewController.h"
#import "pthread.h"
@interface ViewController ()
@end
@implementation ViewController
void *task(void *param) {
    NSLog(@"%p", pthread_self());
    NSLog(@"当前线程:%@, 参数:%@", [NSThread currentThread], param);
    return NULL;
}
- (void)viewDidLoad {
    [super viewDidLoad];
    NSLog(@"%p", pthread_self());
    pthread_t thread;
    pthread_create(&thread, NULL, task, @"HelloWorld");
    pthread_detach(thread);
}
@end
```

运行代码，通过打印信息可以看到，task 函数执行的任务并不是在主线程中执行的，而是创建了一个新的线程执行任务。上面的示例代码虽然简单，但是"麻雀虽小，五脏俱全"。首先 pthread_self 函数用来获取当前线程，返回一个 pthread_t 类型的结构体，pthread_create 方法用来创建一个新的 pthread_t 线程结构体，其中有 4 个参数：第 1 个参数为 pthread_t 类型的地址；第 2 个参数为线程属性配置参数，用来对线程的状态和行为进行设置，具体的可设置属性在后面会有详细介绍；第 3 个参数为函数指针，用来指定线程要执行的任务；第 4 个参数为任务函数中需要传递的参数，可以是任意类型。线程一旦被创建，就会立即开始执行，但是其执行完成后并不会默认释放资源。pthread_detach 函数实际上是用来设置线程 detach 属性的，即将线程设置为分离线程，当线程中的任务执行完成后就自动释放资源。

### 7.1.2　可配置的线程属性

pthread_create 函数的第 2 个参数用来配置线程的属性。线程的属性配置使用 pthread_attr_t 结构体描述，使用之前，需要进行结构体的初始化，所使用的函数如下：

```objc
pthread_attr_t attr;
pthread_attr_init(&attr);
```

注意，我们在使用 pthread 相关的接口时，要手动地进行内存管理，因此创建出来的数据在使用完成后要进行销毁回收，例如：

```
pthread_attr_destroy(&attr);
```

在上一小节中，我们使用 pthread_detach 函数来设置线程的分离状态，其中也可以通过属性对其进行设置：

```
// 设置线程分离状态属性
pthread_attr_setdetachstate(&attr, PTHREAD_CREATE_DETACHED);
int state;
// 获取线程分离状态属性
pthread_attr_getdetachstate(&attr, &state);
```

其中，PTHREAD_CREATE_DETACHED 表示设置为分离线程，是一个宏定义；与之对应的还有一个设置为非分离线程的宏定义，具体如下：

```
// 分离线程
#define PTHREAD_CREATE_JOINABLE    1
// 非分离线程
#define PTHREAD_CREATE_DETACHED    2
```

通过线程的 guardsize 属性可以设置线程境界缓冲区的大小。这个数值决定线程栈末尾避免栈溢出的扩展内存大小。示例如下：

```
// 设置缓冲区大小
pthread_attr_setguardsize(&attr, 128);
size_t guardSize;
// 获取缓冲区大小
pthread_attr_getguardsize(&attr, &guardSize);
```

inheritsched 属性设置线程的继承性。示例如下：

```
pthread_attr_setinheritsched(&attr, PTHREAD_INHERIT_SCHED);
int inheritsched;
pthread_attr_getinheritsched(&attr, &inheritsched);
```

与继承性相关的宏定义如下：

```
// 新的线程继承创建线程的策略和参数
#define PTHREAD_INHERIT_SCHED      1
// 新的线程继承策略和参数来自于策略配置参数的设置
#define PTHREAD_EXPLICIT_SCHED     2
```

使用 schedparam 用来设置线程的调度参数，其实质是设置线程的优先级，示例如下：

```
struct sched_param param = {1};
pthread_attr_setschedparam(&attr, &param);
struct sched_param p;
pthread_attr_getschedparam(&attr, &p);
```

schedpolic 设置线程的调度策略（常见的调度算法），示例代码如下：

```
pthread_attr_setschedpolicy(&attr, SCHED_FIFO);
int policy;
pthread_attr_getschedpolicy(&attr, &policy);
```

可设置的策略定义如下：

```
// 其他策略
#define SCHED_OTHER          1
// 先进先出
#define SCHED_FIFO           4
// 轮转法
#define SCHED_RR             2
```

scope 属性设置线程的作用域，示例代码如下：

```
pthread_attr_setscope(&attr, PTHREAD_SCOPE_SYSTEM);
int scope;
pthread_attr_getscope(&attr, &scope);
```

scope 属性控制线程的资源竞争方式，宏定义如下：

```
// 系统级竞争资源
#define PTHREAD_SCOPE_SYSTEM     1
// 进程内竞争资源
#define PTHREAD_SCOPE_PROCESS    2
```

使用 pthread 相关的接口来做多线程开发略为复杂，从其配置属性的相关方法就可见一斑，这也是在实际的 iOS 开发中较少使用 pthread 做多线程开发的原因之一。

## 7.1.3　pthread 中的常用函数

pthread 提供了很多方便的用来对线程进行控制的函数，例如之前我们使用的 pthread_detach 方法可以用来将线程直接标记为分离线程。

要比较两个 pthread_t 线程是否相同，可以使用 pthread_equal 函数，其会返回一个整型的值，0 表示不同，1 表示相同，示例代码如下：

```
int pthread_equal(pthread_t _Nullable, pthread_t _Nullable);
```

要提前终止线程的执行，可以主动调用 pthread_exit 函数：

```
void pthread_exit(void * _Nullable);
```

当线程设置为非分离的线程时，可以使用 pthread_join 函数来进行线程间同步的操作。pthread_join 函数的作用是阻塞指定的线程，直到指定的线程线束，函数的定义如下：

```
int pthread_join(pthread_t , void * _Nullable * _Nullable);
```

其中第 2 个参数用来接收指定线程结束后的返回值。注意，线程状态必须是
PTHREAD_CREATE_JOINABLE 类型，示例代码如下：

```objc
#import "ViewController.h"
#import "pthread.h"
@interface ViewController ()
@end
@implementation ViewController
void *task(void *param) {
    pthread_exit("end");
    // 线程被提前主动结束，后面的代码将不会被执行到
    NSLog(@"当前线程:%@，参数:%@", [NSThread currentThread], param);
    return NULL;
}
- (void)viewDidLoad {
    [super viewDidLoad];
    pthread_t thread;
    pthread_attr_t attr;
    pthread_attr_init(&attr);
    pthread_attr_setdetachstate(&attr,PTHREAD_CREATE_JOINABLE);
    int state;
    pthread_create(&thread, &attr,task,@"HelloWorld");
    pthread_attr_destroy(&attr);
    void *ptr;
    pthread_join(thread, &ptr);
    NSLog(@"%s", ptr);  // 将接收到线程的返回值 "end"
}
@end
```

有时我们需要某些数据在线程内实现共享，同时也仅仅只能在线程内共享，不同的线程
间不共享，这时我们可以使用 pthread_key_t 相关函数来实现，示例代码如下：

```objc
// 创建数据 key
pthread_key_t key_t;
pthread_key_create(&key_t, NULL);
// 为 key 设置要共享的数据
pthread_setspecific(key_t, @"Hi~");
// 获取 key 对应的共享数据
NSString *hi = (__bridge NSString *)(pthread_getspecific(key_t));
NSLog(@"%@", hi);
```

注意，使用 pthread_key_t 存储的数据只能在同一个线程中共享，通常在同一个线程的不
同函数中使用这种方式共享数据非常方便。

使用 pthread_key_delete 函数可以删除一个已经存在的 key 值：

```
int pthread_key_delete(pthread_key_t);
```

在多线程开发中，一个重要的问题就是线程安全。某些资源在不同线程中的访问要保证互斥，这时就需要使用 pthread 中的互斥锁。与互斥锁相关的函数列举如下：

```
// 初始化互斥锁
int pthread_mutex_init(pthread_mutex_t * __restrict, const
pthread_mutexattr_t * _Nullable __restrict);
// 销毁互斥锁
int pthread_mutex_destroy(pthread_mutex_t *);
// 加锁
int pthread_mutex_lock(pthread_mutex_t *);
// 解锁
int pthread_mutex_unlock(pthread_mutex_t *);
// 非阻塞的加锁，如果已经加锁，不会阻塞当前线程，而会返回一个异常值
int pthread_mutex_trylock(pthread_mutex_t *);
```

应用的示例代码如下：

```
pthread_mutex_t lock;
// 第 2 个参数为锁的属性配置参数
pthread_mutex_init(&lock, NULL);
// 加锁
pthread_mutex_lock(&lock);
/*
需要互斥执行的逻辑
*/
pthread_mutex_unlock(&lock);
```

与互斥锁类似，pthread 中还提供了一套读写相关操作的锁：读写锁。与之相关的函数列举如下：

```
// 初始化一个读写锁
int pthread_rwlock_init(pthread_rwlock_t * __restrict, const
pthread_rwlockattr_t * _Nullable __restrict);
// 销毁一个读写锁
pthread_rwlock_destroy(pthread_rwlock_t * );
// 将读写锁的读权限加锁
int pthread_rwlock_rdlock(pthread_rwlock_t *);
// 非阻塞地进行读写锁的读权限加锁
int pthread_rwlock_tryrdlock(pthread_rwlock_t *);
// 将读写锁的写权限加锁
int pthread_rwlock_wrlock(pthread_rwlock_t *);
```

```
// 非阻塞地将读写锁的写权限加锁
int pthread_rwlock_trywrlock(pthread_rwlock_t *);
// 解锁
int pthread_rwlock_unlock(pthread_rwlock_t *);
```

## 7.1.4　pthread 进行线程间通信

pthread 中提供了发送信号的方式进行线程间的通信。信号的使用非常简单，主要使用 sigwait 函数与 pthread_kill 函数实现。这两个函数的定义如下：

```
int sigwait(const sigset_t * __restrict, int * __restrict);
int pthread_kill(pthread_t, int);
```

其中，sigwait 会阻塞当前线程等待接收信号；pthread_kill 用来向某个线程发送信号，第 1 个参数为要发送信号的线程，第 2 个参数为信号标识，系统默认定义了许多信号，我们可以直接使用，也可以采用自定义的信号。pthread_kill 函数的返回值用来表示发送信号操作的结果，其宏定义如下：

```
// 操作成功
0
// 线程不存在
#define ESRCH          3
// 信号不存在
#define EINVAL         22
```

示例代码如下：

```
sigset_t sigs;
void sigleHandle(int sig) {
    NSLog(@"处理信号");
    printf("%d", sig);
    return ;
}
void *task(void *param) {
    NSLog(@"%p", pthread_self());
    while (1) {
        int s;
        sigwait(&sigs,&s);
        sigleHandle(SIGUSR2);
    }
    return NULL;
}
- (void)viewDidLoad {
    [super viewDidLoad];
    NSLog(@"%p", pthread_self());
```

```
    pthread_t thread;
    sigemptyset(&sigs);
    sigaddset(&sigs,SIGUSR2);
    pthread_create(&thread, NULL, task, NULL);
    dispatch_after(dispatch_time(DISPATCH_TIME_NOW, (int64_t)(1 *
NSEC_PER_SEC)), dispatch_get_main_queue(), ^{
        int res = pthread_kill(thread, SIGUSR2);
        NSLog(@"res:%d", res);
    });
}
```

在多线程开发中，单例是一种常见的应用场景。当某些函数逻辑上只能执行一次或者某些数据只能被初始化一次时，在多线程开发中要尤其多加注意。pthread 中提供了专门的方法来保证某段逻辑在多线程开发中只被执行一次，示例如下：

```
pthread_once_t once;
void oncefunc(void) {
    NSLog(@"once");
}
void *task(void *param) {
    NSLog(@"%p", pthread_self());
    pthread_once(&once, oncefunc);
    return NULL;
}
```

如上代码所示，pthread_once(&once, oncefunc)函数调用本身保证了执行的互斥性，无论在多少个不同的线程中调用多少次都只会执行一次。

# 7.2 NSThread 多线程编程技术

NSThread 是官方提供的一套面向对象的多线程开发技术。开发者使用简单，不需要过多地操作线程的行为配置，但是对线程的生命周期，依然需要开发者自己处理。相比于 pthread 相关的接口，NSThread 有着更强的易用性。

## 7.2.1 使用 NSThread 开启新线程的几种方式

NSThread 中提供了多种开启新线程执行任务的方式，开发者可以根据实际的使用场景选择合适的多线程接口。

### 1. 使用匿名线程执行任务

NSThread 中提供了两个类方法，使用其可以直接开启新的线程执行任务，无须额外的操作，示例代码如下：

```objc
#import "ViewController.h"
@interface ViewController ()
@end
@implementation ViewController
- (void)viewDidLoad {
    [super viewDidLoad];
    // 将打印<NSThread: 0x600001345dc0>{number = 1, name = main}
    NSLog(@"%@", [NSThread currentThread]);
    [NSThread detachNewThreadWithBlock:^{
        // 将打印<NSThread: 0x600001315980>{number = 8, name = (null)}
        NSLog(@"%@", [NSThread currentThread]);
    }];
    [NSThread detachNewThreadSelector:@selector(task) toTarget:self
withObject:nil];
}
- (void)task {
    // 将打印<NSThread: 0x600001334c80>{number = 7, name = (null)}
    NSLog(@"%@", [NSThread currentThread]);
}
@end
```

如上代码所示，通过打印信息可以看出，3 次打印信息的任务分别在不同的线程中执行。detachNewThreadWithBlock 方法和 detachNewThreadSelector 方法的作用相似，都是在新的线程中执行任务，方法调用后线程会自动开启进行执行。

**2. 手动创建新的线程执行任务**

通过初始化方法手动创建新的线程执行任务可以获取到线程对象，与匿名线程相比，获取到线程对象后可以更方便地对线程进行设置，也可以更方便地获取线程的相关信息，示例代码如下：

```objc
#import "ViewController.h"
@interface ViewController ()
@end
@implementation ViewController
- (void)viewDidLoad {
    [super viewDidLoad];
    // 将打印<NSThread: 0x600001345dc0>{number = 1, name = main}
    NSLog(@"%@", [NSThread currentThread]);
    NSThread *thread = [[NSThread alloc] initWithBlock:^{
        // 将打印<NSThread: 0x600001315980>{number = 8, name = (null)}
        NSLog(@"%@", [NSThread currentThread]);
    }];
```

```
    [thread start];

    NSThread *thread2 = [[NSThread alloc] initWithTarget:self
selector:@selector(task) object:nil];
    [thread2 start];
}
- (void)task {
    // 将打印<NSThread: 0x600001334c80>{number = 7, name = (null)}
    NSLog(@"%@", [NSThread currentThread]);
}
@end
```

注意，使用这种方式创建完成线程后，需要手动调用 start 方法来开启线程进行任务的执行。

### 3. 自定义线程

通过继承 NSThread 可以创建自定义的线程。自定义的线程通过内部 main 方法设定要执行的任务，示例代码如下：

```
#import "MyThread.h"
@implementation MyThread
- (void)main {
    NSLog(@"自定义线程任务：%@", [NSThread currentThread]);
}
@end
```

自定义线程的使用示例代码如下：

```
MyThread *myThread = [[MyThread alloc] init];
[myThread start];
```

### 4. 使用 NSObject 的扩展方法

NSObject 还有一些扩展方法，可用来进行多线程开发。这些扩展方法的本质也是创建匿名的线程对象进行任务执行。示例代码如下：

```
MyThread *myThread = [[MyThread alloc] init];
[myThread start];
// 在主线程执行任务
// waitUntilDone 参数设置为 NO， 则等待当前 RunLoop 空闲后执行
// waitUntilDone 参数设置为 YES ，则立刻执行
[self performSelectorOnMainThread:@selector(task) withObject:nil
waitUntilDone:NO modes:@[NSRunLoopCommonModes]];
    // 与上面的写法作用一致，默认 modes 为 NSRunLoopCommonModes
[self performSelectorOnMainThread:@selector(task) withObject:nil
```

```
waitUntilDone:NO];
    // 在指定的线程中执行任务。注意，任务的执行依赖 RunLoop，所以线程的 RunLoop 必须开启
    [self performSelector:@selector(task) onThread:myThread withObject:nil
waitUntilDone:NO modes:@[NSRunLoopCommonModes]];
    // 与上面的写法作用一致
    [self performSelector:@selector(task) onThread:myThread withObject:nil
waitUntilDone:NO];
    // 在系统的后台线程中执行任务
    [self performSelectorInBackground:@selector(task) withObject:nil];
```

上面的代码中有详细的注释，这里不再重复，只是有一点需要注意，使用上面的方法在子线程中执行任务时，要确保子线程开启 RunLoop。

## 7.2.2　NSThread 中的相关属性与方法解析

NSThread 中定义了与多线程开发相关的很多属性和方法，其中有几个类属性和类方法用来获取线程信息非常有用，具体如下：

```
    // 获取当前线程 NSThread 对象
    @property (class, readonly, strong) NSThread *currentThread;
    // 获取当前应用程序是否支持多线程
    + (BOOL)isMultiThreaded;
    // 当前线程执行代码的堆栈地址
    @property (class, readonly, copy) NSArray<NSNumber *>
*callStackReturnAddresses;
    // 当前线程执行代码的堆栈信息
    @property (class, readonly, copy) NSArray<NSString *> *callStackSymbols;
    // 当前线程是否是主线程
    @property (class, readonly) BOOL isMainThread;
    // 获取主线程 NSThread 对象
    @property (class, readonly, strong) NSThread *mainThread;
```

下面这些类方法用来控制当前线程的行为：

```
    // 让当前线程休眠到指定的时间
    + (void)sleepUntilDate:(NSDate *)date;
    // 让当前的线程休眠一定时间
    + (void)sleepForTimeInterval:(NSTimeInterval)ti;
    // 主动结束当前线程
    + (void)exit;
    // 获取当前线程的优先级
    + (double)threadPriority;
    // 设置当前线程的优先级
    + (BOOL)setThreadPriority:(double)p;
```

NSThread 中其他常用的实例属性与实例方法列举如下：

```
// 线程的名称，方便调试使用
@property (nullable, copy) NSString *name;
// 堆栈大小
@property NSUInteger stackSize;
// 是否是主线程
@property (readonly) BOOL isMainThread;
// 线程是否正在执行
@property (readonly, getter=isExecuting) BOOL executing;
// 线程是否执行完成
@property (readonly, getter=isFinished) BOOL finished;
// 线程是否已经被取消
@property (readonly, getter=isCancelled) BOOL cancelled;
// 将线程取消掉(线程并不会立刻停止执行，需要开发者根据 cancelled 属性做逻辑)
- (void)cancel;
// 启动线程
- (void)start;
// 线程的主体，自定义的 NSThread 子类重写这个方法来指定要执行的任务
- (void)main;
```

### 7.2.3  NSThread 相关的几个通知

系统定义了几个通知，当应用的线程执行模式发生变化时或子线程结束后会被发送，具体的通知定义如下：

```
// 将进入多线程运行模式时发送
NSWillBecomeMultiThreadedNotification;
// 已经进入单线程运行模式时发送
NSDidBecomeSingleThreadedNotification;
// 某个线程结束后发送
NSThreadWillExitNotification;
```

我们可以监听这些通知来时刻关注应用多线程的运行状态。

# 7.3  GCD 多线程编程技术

GCD（Grand Central Dispatch）是一套比较底层的 C 语言 API 接口，用来在多核硬件上提供多线程编程支持。GCD 功能非常强大且使用非常简单，是 iOS 开发中使用最为广泛的多线程编程技术。

在使用 GCD 时，开发者无须关心线程的管理，GCD 会自动维护一个线程池，开发者只需要将要执行的任务按照预期的行为分配到不同的队列中即可。简单来说，GCD 帮助开发者处理了线

程的创建、销毁、行为管理等复杂的操作。

## 7.3.1 GCD 调度机制

调度队列是 GCD 中非常重要的一个概念，执行多线程任务实际是由调度队列完成的，开发者只需要将要执行的任务添加到合适的调度队列中即可。

GCD 中的调度队列有 3 种类型：主队列、全局队列和自定义队列。

### 1. 主队列

放入主队列中的任务都将在主线程中执行。在应用中，主线程只有 1 个，因此这个队列是一个简单的串行队列，指定在这个队列中的任务会在主线程中依次执行。使用下面的函数可以获取主队列：

```
dispatch_get_main_queue();
```

### 2. 全局队列

全局队列是系统定义好的一组任务队列，它们都是并行队列，放入其中的任务会并行执行，但是执行的顺序严格遵循先放入的任务先执行、后放入的任务后执行的策略。可以使用下面的函数来获取全局队列：

```
dispatch_get_global_queue(long identifier, unsigned long flags);
```

在上面的函数中，第 1 个参数用来指定要获取的全局队列，第 2 个参数是一个预留参数，目前没有任何作用，直接传入 0 即可。系统定义的几个全局队列的标识如下，其中每个队列的优先级不同：

```
#define DISPATCH_QUEUE_PRIORITY_HIGH 2//优先级最高的全局队列
#define DISPATCH_QUEUE_PRIORITY_DEFAULT 0//优先级中等的全局队列
#define DISPATCH_QUEUE_PRIORITY_LOW (-2)//优先级低的全局队列
#define DISPATCH_QUEUE_PRIORITY_BACKGROUND INT16_MIN//后台的全局队列，优先级最低
```

### 3. 自定义队列

除了上面提到的两种队列外，GCD 也支持开发者根据需要创建自己的自定义队列。自定义的队列既可以是串行的也可以是并行的。如果是串行队列，则放入其中的任务会依次执行，上一个任务执行完成后才会执行下一个任务；如果是并行队列，则放入其中的任务不会等待前面的任务执行完成，而是直接执行。创建自定义队列的函数如下：

```
dispatch_queue_t
dispatch_queue_create(const char * _Nullable label, dispatch_queue_attr_t
_Nullable attr);
```

其中，第 1 个参数指定队列的名称；第 2 个参数指定队列的类型，类型定义如下：

```
DISPATCH_QUEUE_SERIAL          // 串行队列
DISPATCH_QUEUE_CONCURRENT  // 并行队列
```

### 7.3.2  添加任务到 GCD 队列

在上一小节中，我们介绍了 GCD 中的 3 种队列类型。常用的向队列中添加任务的函数有两个，具体如下：

```
// 向队列中添加与当前线程同步的任务
dispatch_sync(dispatch_queue_t queue, DISPATCH_NOESCAPE dispatch_block_t block);
// 向队列中添加与当前线程异步的任务
dispatch_async(dispatch_queue_t queue, dispatch_block_t block);
```

上面列出的两个函数是 GCD 多线程编程的核心，示例代码如下：

```
- (void)viewDidLoad {
    [super viewDidLoad];
    dispatch_queue_t queue = dispatch_queue_create("myQueue",
DISPATCH_QUEUE_SERIAL);
    dispatch_sync(queue, ^{
        NSLog(@"%@:1",[NSThread currentThread]);
    });
    dispatch_async(queue, ^{
        NSLog(@"%@:2",[NSThread currentThread]);
    });
}
```

运行上面的代码，控制台中的打印信息如下：

```
<NSThread: 0x6000037e51c0>{number = 1, name = main}:1
<NSThread: 0x600003786380>{number = 6, name = (null)}:2
```

从打印信息可以看出，dispatch_sync 函数指定的任务虽然是在自定义队列中执行的，但是其设定为与当前线程同步，因此这个任务实际上也被调度到主线程中执行。

### 7.3.3  使用调度组

调度组是 GCD 中非常高级的一种功能，其基于信号量更高一层的封装。关于 GCD 中信号量的应用，后面会做详细的介绍。使用调度组可以将某些任务绑定在一起，无论这些任务是在串行线程还是并行线程中执行，也无论这些任务是否是在同一个线程中执行，调度组都可以保证其按照开发者预期的顺序进行任务的执行。

举一个简单的例子，假设有两个自定义的串行队列，两个耗时任务 A 和 B 分别在这两个串行队列中执行，当任务 A 和任务 B 都执行完成后再执行任务 C，任务 A 和任务 B 的完成顺序并不确定，这时就非常适合使用调度组。首先将任务 A 和任务 B 绑定到同一个调度组中，等待调度组中的所有任务执行完成后执行任务 C，示例代码如下：

```
dispatch_queue_t queue1 = dispatch_queue_create("myQueue1",
```

```
DISPATCH_QUEUE_SERIAL);
    dispatch_queue_t queue2 = dispatch_queue_create("myQueue2",
DISPATCH_QUEUE_SERIAL);
    dispatch_group_t group = dispatch_group_create();
    dispatch_group_async(group, queue1, ^{
        // 耗时任务 A
        [NSThread sleepForTimeInterval:1];
        NSLog(@"任务 A 完成");
    });
    dispatch_group_async(group, queue2, ^{
        // 耗时任务 B
        [NSThread sleepForTimeInterval:4];
        NSLog(@"任务 B 完成");
    });
    // 一直等待，直到队列组中的任务执行完成
    dispatch_group_wait(group, DISPATCH_TIME_FOREVER);
    // 任务 C
    NSLog(@"任务 C 完成");
```

运行上面的代码，从打印信息可以看出当任务 A 和任务 B 都执行完成后才会执行任务 C。在上面的代码中，dispatch_group_create()函数的作用是创建一个调度组；dispatch_group_async()函数将任务绑定到调度组，其中第 1 个参数为调度组对象，第 2 个参数为要执行任务的队列，第 3 个参数为执行任务的 block 代码块。dispatch_group_wait()函数的作用是阻塞当前线程等待调度组中所有任务完成再向后执行，其中第 1 个参数为调度组对象，第 2 个参数用来设置等待的最长时间。这里将第 2 个参数设置为 DISPATCH_TIME_FOREVER，表示一直等待，直到调度组中任务执行完成，也可以将这个参数设置为一个时刻，用来确定最长的等待时间，如果在最长等待时间后调度组中的任务依然没有执行完成，则不会继续阻塞当前线程，而是继续向后执行。例如，下面的代码表示最长等待 3 秒：

```
// 这里的时间单位为毫微秒
dispatch_group_wait(group, dispatch_time(DISPATCH_TIME_NOW, 3 *
(int64_t)1000000000));
```

dispatch_group_wait()函数会阻塞当前线程进行等待。在实际开发中，真正这样使用的场景非常少，更多场景是最后要执行的任务也是一个耗时任务。例如，有 G、H、I 这 3 个耗时任务，这 3 个任务都在并行的队列中执行，但是 I 任务的执行必须依赖 G 任务和 H 任务都执行完成。对于这种场景，可以使用 dispatch_group_notify()函数，示例代码如下：

```
dispatch_queue_t queue3 = dispatch_queue_create("myQueue3",
DISPATCH_QUEUE_CONCURRENT);
    dispatch_group_async(group, queue3, ^{
        // 耗时任务 G
        [NSThread sleepForTimeInterval:2];
```

```
    NSLog(@"任务 G 完成");
});
dispatch_group_async(group, queue3, ^{
    // 耗时任务 H
    [NSThread sleepForTimeInterval:2];
    NSLog(@"任务 H 完成");
});
dispatch_group_notify(group, queue3, ^{
    // 耗时任务 I
    [NSThread sleepForTimeInterval:2];
    NSLog(@"任务 I 完成");
});
// 任务 J
NSLog(@"任务 J 完成");
```

dispatch_group_notify()函数的作用是当调度组中的任务都执行完成后再执行指定的任务，其中第 1 个参数为调度组对象，第 2 个参数为要执行任务的队列，第 3 个参数为要执行的任务。

在上面所列举的例子中，耗时任务都是通过线程休眠函数模拟的。在实际开发中，我们遇到更多的场景是耗时任务本身就是异步的，如果不修改代码，将耗时任务本身改成异步的函数，则上面的代码会出现问题，例如：

```
dispatch_group_t group2 = dispatch_group_create();
dispatch_queue_t queue4 = dispatch_queue_create("myQueue4",
DISPATCH_QUEUE_CONCURRENT);
dispatch_group_async(group2, queue4, ^{
    [self task:nil];
});
dispatch_group_notify(group2, queue4, ^{
    // 任务 L
    NSLog(@"任务 L 完成");
});
```

运行代码，可以看到打印了"任务 L 完成"之后才执行 task 方法指定的任务，这是因为 task 方法本身就是异步执行的，在其 block 参数回调执行完成才是真正的任务执行完成。这种场景需要配合 dispatch_group_enter()函数和 dispatch_group_leave()函数，示例代码如下：

```
dispatch_group_t group3 = dispatch_group_create();
dispatch_queue_t queue5 = dispatch_queue_create("myQueue5",
DISPATCH_QUEUE_CONCURRENT);
dispatch_group_enter(group3);
dispatch_group_async(group3, queue5, ^{
    [self task:^{
        dispatch_group_leave(group3);
```

```
    }];
});
dispatch_group_notify(group3, queue5, ^{
    // 任务 M
    NSLog(@"任务 M 完成");
});
```

简单地理解，dispatch_group_enter()函数的作用是告诉调度组即将有一个任务开始执行，dispatch_group_leave()函数的作用是告诉调度组有一个任务执行完成。这两个函数必须成对使用。

## 7.3.4　使用 GCD 进行快速迭代

在日常开发中，常用的循环方式有 while 循环、do-while 循环、for 循环，还有更加快速的 for-in 循环。然而，这些循环默认都是在当前线程中执行的，哪怕是多核 CPU 的设备，其所调用的资源依然是单核的。GCD 中提供了一种更加高效的循环方法——使用 dispatch_apply()函数可以最大限度地利用多核 CPU 的优势，GCD 会自动分配线程来执行迭代任务。示例代码如下：

```
NSArray *array = @[@"a", @"b", @"c", @"d", @"e", @"f", @"g"];
// GCD 迭代，耗时约为 0.00001 秒
dispatch_apply(array.count,
dispatch_get_global_queue(DISPATCH_QUEUE_PRIORITY_BACKGROUND, 0), ^(size_t t) {
    NSLog(@"%@||%zu:%@", [NSThread currentThread], t, array[t]);
});
// for-in 遍历，耗时约为 0.001 毫秒
for (NSString *c in array) {
    NSLog(@"%@", c);
}
```

dispatch_apply()函数中的第 1 个参数设置要迭代的次数，第 2 个参数为执行任务的队列，第 3 个参数为要执行的迭代任务。

运行代码，打印信息如下：

```
2020-01-31 09:56:17.828952+0800 GCDDemo[9754:476991] <NSThread:
0x6000038da880>{number = 1, name = main}||0:a
2020-01-31 09:56:17.828956+0800 GCDDemo[9754:477079] <NSThread:
0x600003896c80>{number = 4, name = (null)}||5:f
2020-01-31 09:56:17.828955+0800 GCDDemo[9754:477083] <NSThread:
0x6000038ccd40>{number = 3, name = (null)}||4:e
2020-01-31 09:56:17.828958+0800 GCDDemo[9754:477077] <NSThread:
0x6000038cc3c0>{number = 5, name = (null)}||1:b
2020-01-31 09:56:17.828959+0800 GCDDemo[9754:477078] <NSThread:
```

```
0x6000038af600>{number = 8, name = (null)}||3:d
   2020-01-31 09:56:17.828966+0800 GCDDemo[9754:477081] <NSThread:
0x6000038a8880>{number = 6, name = (null)}||6:g
   2020-01-31 09:56:17.828961+0800 GCDDemo[9754:477080] <NSThread:
0x6000038837c0>{number = 7, name = (null)}||2:c
   2020-01-31 09:56:17.829257+0800 GCDDemo[9754:476991] a
   2020-01-31 09:56:17.829408+0800 GCDDemo[9754:476991] b
   2020-01-31 09:56:17.829695+0800 GCDDemo[9754:476991] c
   2020-01-31 09:56:17.829898+0800 GCDDemo[9754:476991] d
   2020-01-31 09:56:17.830203+0800 GCDDemo[9754:476991] e
   2020-01-31 09:56:17.830296+0800 GCDDemo[9754:476991] f
   2020-01-31 09:56:17.830467+0800 GCDDemo[9754:476991] g
```

从打印信息及其中的时间戳可以看出，dispatch_apply()函数迭代的运行效率和 for-in 循环不在同一个数量级上，由于 dispatch_apply()函数中迭代任务分别被分配到不同的线程中执行，因此其执行的顺序是不可预测的。对于大规模的数据处理，使用 dispatch_apply()会更加高效。

还有一点需要注意，dispatch_apply()函数是同步的，其会阻塞当前线程，如果需要异步执行，就将其放入另一个非主队列的队列中执行。

## 7.3.5　使用 GCD 监听事件源

监听事件源是指当某些事件发生时，在指定的队列执行回调任务。在实际应用中，使用 GCD 的事件源可以方便地创建自动聚合的自定义事件,也可以方便地创建精度更高的定时器。

使用下面的函数创建事件源：

```
dispatch_source_t dispatch_source_create(dispatch_source_type_t type,
uintptr_t handle, unsigned long mask, dispatch_queue_t _Nullable queue);
```

第 1 个参数指定事件源的类型；第 2 个参数为事件句柄，取决于第 1 个参数的事件类型，例如如果是内核端口事件，则将这个参数设置为端口号；第 3 个参数也取决于第 1 个参数的事件类型，例如如果是文件操作相关的事件，则将这个参数设置为要监听的文件属性；第 4 个参数设置执行事件回调任务的队列。事件源类型的定义如下：

```
// 自定义事件，触发事件后的数据会被叠加运算
#define DISPATCH_SOURCE_TYPE_DATA_ADD
// 自定义事件，触发时间后的数据会被按位或运算
#define DISPATCH_SOURCE_TYPE_DATA_OR
// 自定义事件，触发时间后的数据会被替换
#define DISPATCH_SOURCE_TYPE_DATA_REPLACE
// 内核端口发送数据事件
#define DISPATCH_SOURCE_TYPE_MACH_SEND
// 内核端口接收数据事件
#define DISPATCH_SOURCE_TYPE_MACH_RECV
// 内存压力事件
```

```
#define DISPATCH_SOURCE_TYPE_MEMORYPRESSURE
// 进程相关事件
#define DISPATCH_SOURCE_TYPE_PROC
// 读文件相关事件
#define DISPATCH_SOURCE_TYPE_READ
// 写文件相关事件
#define DISPATCH_SOURCE_TYPE_WRITE
// 信号相关事件
#define DISPATCH_SOURCE_TYPE_SIGNAL
// 定时器事件
#define DISPATCH_SOURCE_TYPE_TIMER
// 文件属性修改事件
#define DISPATCH_SOURCE_TYPE_VNODE
```

创建了事件源后，还需要对其设置一个回调任务。当事件发生时，会在指定的队列中执行回调任务。设置回调任务的函数如下：

```
dispatch_source_set_event_handler(dispatch_source_t source,
dispatch_block_t _Nullable handler);
```

在实际开发中，事件源在两种场景下应用非常广泛。当某个事件会频繁发生，我们需要将其聚合进行处理时可以进行自定义事件源的监听。例如，某个页面由多个数据源控制，当其中的数据源变化时需要刷新页面，同时要避免数据源频繁变化导致多次刷新而影响页面性能。要解决这个问题，使用自定义事件非常合适，示例代码如下：

```
dispatch_source_t source_t =
dispatch_source_create(DISPATCH_SOURCE_TYPE_DATA_REPLACE, 0, 0,
dispatch_get_main_queue());
    dispatch_source_set_event_handler(source_t, ^{
        NSLog(@"接收到自定义事件:%lu", dispatch_source_get_data(source_t));
    });
    // 激活事件源监听
    dispatch_resume(source_t);
    for (int i = 0; i < 10; i++) {
        dispatch_source_merge_data(source_t, 1);
    }
```

其中，dispatch_resume()函数用来激活事件源的监听，dispatch_source_merge_data()函数用来合并自定义事件源的数据，虽然在 for 循环中调用了 10 次事件合并，但是最终只触发了一次回调任务。

使用定时器事件源可以创建精度更高的定时器，示例代码如下：

```
dispatch_source_t timer = dispatch_source_create(DISPATCH_SOURCE_TYPE_TIMER,
0, 0, dispatch_get_main_queue());
```

```
dispatch_source_set_timer(timer, DISPATCH_TIME_NOW, 1 * NSEC_PER_SEC, 0);
dispatch_source_set_event_handler(timer, ^{
    NSLog(@"定时器%@", timer);
});
dispatch_resume(timer);
```

其中，dispatch_source_set_timer()函数用来设置定时器事件的回调，这个函数的第 1 个参数为定时器事件源对象，第 2 个参数为定时器任务的执行时间间隔，最后一个参数为延迟多久后开始执行。

GCD 中事件源相关的函数还有一些，其中取消监听、设置监听取消的回调任务等函数也十分常用，列举如下：

```
// 设置事件源监听取消后的回调任务
void dispatch_source_set_cancel_handler(dispatch_source_t source,
dispatch_block_t _Nullable handler);
// 取消事件源的监听
void dispatch_source_cancel(dispatch_source_t source);
// 尝试取消事件源的监听
long dispatch_source_testcancel(dispatch_source_t source);
// 获取事件源的事件句柄
uintptr_t dispatch_source_get_handle(dispatch_source_t source);
// 获取事件源的 mask 参数数据
unsigned long dispatch_source_get_mask(dispatch_source_t source);
// 获取自定义事件源的合并数据
unsigned long dispatch_source_get_data(dispatch_source_t source);
```

## 7.3.6　GCD 中信号的使用

在前面介绍调度组的时候提到过 GCD 中的调度组实际上是基于信号量的封装，信号量本身的作用是通过信号来触发任务的执行。在 GCD 中，与信号量相关的函数只有 3 个，理解和使用都非常简单。示例代码如下：

```
static int count = 0;
dispatch_semaphore_t semaphore_t = dispatch_semaphore_create(0);
dispatch_semaphore_signal(semaphore_t);
while (1) {
    dispatch_semaphore_wait(semaphore_t, DISPATCH_TIME_FOREVER);
    NSLog(@"%d", count++);
}
```

dispatch_semaphore_create()函数用来创建一个信号量，其参数设置信号量的初始值。dispatch_semaphore_signal() 方 法 用 来 发 送 信 号 ， 会 使 指 定 的 信 号 量 的 值 加 1 。 dispatch_semaphore_wait()是一个阻塞函数，当信号量大于 0 时会穿透阻塞函数往后执行，并

且使信号量减 1；当信号量等于 0 时阻塞函数会一直阻塞。也可以通过 dispatch_semaphore_wait
函数的第 2 个参数设置阻塞的超时时间。

## 7.3.7　执行延时任务

GCD 中提供的 dispatch_after() 函数可以执行延迟任务，并且这个函数本身是异步的，使用
非常方便。示例代码如下：

```
dispatch_after(dispatch_time(DISPATCH_TIME_NOW, (int64_t)(3 * NSEC_PER_SEC)),
dispatch_get_global_queue(DISPATCH_QUEUE_PRIORITY_HIGH, 0), ^{
    NSLog(@"延时任务");
});
NSLog(@"End");
```

dispatch_after() 函数的第 1 个参数设置执行任务的时刻，第 2 个参数设置执行任务的队列，
第 3 个参数设置要执行的任务。

## 7.3.8　GCD 中的单例

在学习 pthread 进行多线程开发时，我们知道使用 pthread 中提供的接口可以实现线程安
全的单例逻辑。GCD 中也提供了类似的接口，使用起来比 pthread 更加方便，示例代码如下：

```
static dispatch_once_t onceToken;
dispatch_once(&onceToken, ^{
    // 这里的代码只会被执行一次，线程安全
});
```

## 7.3.9　GCD 中的栅栏函数

栅栏函数是 GCD 中非常强大的一种功能，可以在并行队列中使某段逻辑独立执行。在并
行队列中有需要保证线程安全的任务执行时，使用栅栏函数非常方便。

例如，某个并行任务队列专门用来处理数据的读写任务。对于读任务，其可以多个任务
并行执行；对于写任务，我们需要保证其独立性，即在执行写逻辑时不能有读的任务在执行，
也不允许有其他写的任务在执行。编写如下测试代码：

```
dispatch_queue_t queue = dispatch_queue_create("MyQueue",
DISPATCH_QUEUE_CONCURRENT);
dispatch_async(queue, ^{
    for (int i = 0; i < 5; i++) {
        NSLog(@"读任务 1:%d", i);
    }
});
dispatch_async(queue, ^{
    for (int i = 0; i < 5; i++) {
        NSLog(@"读任务 2:%d", i);
```

```
        }
    });
    dispatch_async(queue, ^{
        for (int i = 0; i < 5; i++) {
            NSLog(@"读任务 3:%d", i);
        }
    });
```

运行代码，打印信息如下：

```
2020-01-31 17:36:00.604115+0800 GCDDemo[13407:682088] 读任务 1:0
2020-01-31 17:36:00.604143+0800 GCDDemo[13407:682089] 读任务 2:0
2020-01-31 17:36:00.604172+0800 GCDDemo[13407:682093] 读任务 3:0
2020-01-31 17:36:00.604251+0800 GCDDemo[13407:682088] 读任务 1:1
2020-01-31 17:36:00.604252+0800 GCDDemo[13407:682093] 读任务 3:1
2020-01-31 17:36:00.604270+0800 GCDDemo[13407:682089] 读任务 2:1
2020-01-31 17:36:00.604336+0800 GCDDemo[13407:682088] 读任务 1:2
2020-01-31 17:36:00.604354+0800 GCDDemo[13407:682093] 读任务 3:2
2020-01-31 17:36:00.604388+0800 GCDDemo[13407:682089] 读任务 2:2
2020-01-31 17:36:00.604469+0800 GCDDemo[13407:682093] 读任务 3:3
2020-01-31 17:36:00.604722+0800 GCDDemo[13407:682088] 读任务 1:3
2020-01-31 17:36:00.604906+0800 GCDDemo[13407:682093] 读任务 3:4
2020-01-31 17:36:00.605165+0800 GCDDemo[13407:682088] 读任务 1:4
2020-01-31 17:36:00.605760+0800 GCDDemo[13407:682089] 读任务 2:3
2020-01-31 17:36:00.606174+0800 GCDDemo[13407:682089] 读任务 2:4
```

从打印信息可以看出，3 个读任务是并行执行的，此时如果不做任何处理就添加写任务，那么读写将并行执行，造成线程安全问题。使用栅栏函数的代码如下：

```
dispatch_queue_t queue = dispatch_queue_create("MyQueue",
DISPATCH_QUEUE_CONCURRENT);
    dispatch_async(queue, ^{
        for (int i = 0; i < 5; i++) {
            NSLog(@"读任务 1:%d", i);
        }
    });
    dispatch_barrier_async(queue, ^{
        for (int i = 0; i < 5; i++) {
            NSLog(@"写任务 1:%d", i);
        }
    });
    dispatch_async(queue, ^{
        for (int i = 0; i < 5; i++) {
            NSLog(@"读任务 2:%d", i);
```

```
    }
});
dispatch_async(queue, ^{
    for (int i = 0; i < 5; i++) {
        NSLog(@"读任务 3:%d", i);
    }
});
```

再次运行代码，打印信息如下：

```
2020-01-31 17:40:43.587486+0800 GCDDemo[13471:685872] 读任务 1:0
2020-01-31 17:40:43.587652+0800 GCDDemo[13471:685872] 读任务 1:1
2020-01-31 17:40:43.587757+0800 GCDDemo[13471:685872] 读任务 1:2
2020-01-31 17:40:43.587891+0800 GCDDemo[13471:685872] 读任务 1:3
2020-01-31 17:40:43.587991+0800 GCDDemo[13471:685872] 读任务 1:4
2020-01-31 17:40:43.588128+0800 GCDDemo[13471:685872] 写任务 1:0
2020-01-31 17:40:43.588223+0800 GCDDemo[13471:685872] 写任务 1:1
2020-01-31 17:40:43.588313+0800 GCDDemo[13471:685872] 写任务 1:2
2020-01-31 17:40:43.588404+0800 GCDDemo[13471:685872] 写任务 1:3
2020-01-31 17:40:43.588483+0800 GCDDemo[13471:685872] 写任务 1:4
2020-01-31 17:40:43.588574+0800 GCDDemo[13471:685872] 读任务 2:0
2020-01-31 17:40:43.588584+0800 GCDDemo[13471:685871] 读任务 3:0
2020-01-31 17:40:43.588670+0800 GCDDemo[13471:685872] 读任务 2:1
2020-01-31 17:40:43.588868+0800 GCDDemo[13471:685871] 读任务 3:1
2020-01-31 17:40:43.589051+0800 GCDDemo[13471:685872] 读任务 2:2
2020-01-31 17:40:43.589229+0800 GCDDemo[13471:685871] 读任务 3:2
2020-01-31 17:40:43.589386+0800 GCDDemo[13471:685872] 读任务 2:3
2020-01-31 17:40:43.589583+0800 GCDDemo[13471:685871] 读任务 3:3
2020-01-31 17:40:43.589989+0800 GCDDemo[13471:685872] 读任务 2:4
2020-01-31 17:40:43.590322+0800 GCDDemo[13471:685871] 读任务 3:4
```

dispatch_barrier_async()函数就像一个栅栏，一旦使用栅栏函数添加了任务，之后再添加的并行任务会被阻塞，等待已经执行的任务执行完成后单独执行栅栏函数设置的任务，当栅栏函数设置的任务执行完成后才会继续并行执行后面添加的任务，保证了栅栏函数指定任务执行的独立性与安全性。dispatch_barrier_async()函数与当前线程异步地执行任务。dispatch_barrier_sync()函数用来与当前线程同步执行栅栏任务。

# 7.4　NSOperationQueue 多线程编程

上一节所学习的 GCD 技术是基于 C 语言的一套多线程 API，使用方便，功能强大，但是与 Objective-C 语言的风格差异较大，在 Foundation 框架中还提供了一套 NSOperation 相关的多线程开发 API，这些 API 全部是面向对象的 Objective-C 语言风格的，并且是基于 GCD 更上层的封装，使用起来也非常方便。

## 7.4.1 理解 NSOperation

Operation 从字面意思上理解为"操作"。一个 Operation 对象可以简单地被认为是一种操作，也可以理解为一个任务，NSOperation 是一个基础的父类，其本身定义了许多基础属性和方法，在实际定义任务时，我们会使用它的两个子类：NSInvocationOperation 类和 NSBlockOperation 类。

NSInvocationOperation 类通过选择器来创建 Operation 对象，示例代码如下：

```objc
#import "ViewController.h"
@interface ViewController ()
@end
@implementation ViewController
- (void)viewDidLoad {
    [super viewDidLoad];
    NSInvocationOperation *invocationOperation = [[NSInvocationOperation
alloc] initWithTarget:self selector:@selector(task) object:nil];
    [invocationOperation start];
    NSLog(@"End");
}
- (void)task {
    NSLog(@"执行 task 任务:%@", [NSThread currentThread]);
}
@end
```

其中，调用 start 方法来执行 Operation 任务。NSInvocationOperation 创建的操作对象没有开启子线程的能力，会默认在当前线程中同步执行。

NSBlockOperation 类通过 Block 代码块来创建 Operation 对象。除了创建方式与 NSInvocationOperation 不同之外，NSBlockOperation 也提供了向操作对象中追加任务的方法，并且这些任务的执行会被分配到不同的线程中。简单来说，NSBlockOperation 拥有创建子线程的能力，其中添加的任务会并行执行，但是需要注意 NSBlockOperation 本身依然是一个同步函数，即在任务执行完成前会阻塞当前线程。示例代码如下：

```objc
NSBlockOperation *blockOperation = [NSBlockOperation
blockOperationWithBlock:^{
    [NSThread sleepForTimeInterval:1];
    NSLog(@"执行 blockOperation 任务A:%@", [NSThread currentThread]);
}];
[blockOperation addExecutionBlock:^{
    [NSThread sleepForTimeInterval:2];
    NSLog(@"执行 blockOperation 任务B:%@", [NSThread currentThread]);
```

```
}];
[blockOperation addExecutionBlock:^{
    [NSThread sleepForTimeInterval:1];
    NSLog(@"执行 blockOperation 任务 C:%@", [NSThread currentThread]);
}];
[blockOperation start];
NSLog(@"End");
```

控制台打印信息如下：

```
执行 blockOperation 任务 A:<NSThread: 0x600001d1a580>{number = 1, name = main}
执行 blockOperation 任务 C:<NSThread: 0x600001d5d440>{number = 5, name = (null)}
执行 blockOperation 任务 B:<NSThread: 0x600001d29fc0>{number = 4, name = (null)}
End
```

从打印信息可以看出，3 个任务是分配到不同的线程并行执行的。

NSOperation 类中常用的属性和方法定义如下：

```
// 开始执行任务
- (void)start;
// 自定义 NSOperation 的子类实现这个方法来指定要执行的任务
- (void)main;
// 取消任务
- (void)cancel;
// 操作是否已经被取消
@property (readonly, getter=isCancelled) BOOL cancelled;
// 是否正在执行任务
@property (readonly, getter=isExecuting) BOOL executing;
// 是否已经执行完成
@property (readonly, getter=isFinished) BOOL finished;
// 是否正在异步执行
@property (readonly, getter=isConcurrent) BOOL concurrent;
// 当前操作是否正在异步执行是 iOS 7 之后的新增的属性
@property (readonly, getter=isAsynchronous) BOOL asynchronous;
// 操作是否准备就绪，当有操作间的依赖关系时，这个属性用来获取是否可以立刻执行
@property (readonly, getter=isReady) BOOL ready;
// 添加一个操作作为依赖
- (void)addDependency:(NSOperation *)op;
// 移除一个依赖的操作
- (void)removeDependency:(NSOperation *)op;
// 依赖数组
@property (readonly, copy) NSArray<NSOperation *> *dependencies;
// 操作队列的优先级
/*
```

```
typedef NS_ENUM(NSInteger, NSOperationQueuePriority) {
    NSOperationQueuePriorityVeryLow = -8L,          // 非常低的优先级
    NSOperationQueuePriorityLow = -4L,              // 低优先级
    NSOperationQueuePriorityNormal = 0,             // 普通优先级
    NSOperationQueuePriorityHigh = 4,               // 高优先级
    NSOperationQueuePriorityVeryHigh = 8            // 非常高优先级
};
*/
@property NSOperationQueuePriority queuePriority;
// 当操作中指定的所有任务执行完成之后的回调
@property (nullable, copy) void (^completionBlock)(void);
// 阻塞当前线程直到操作中所有任务完成
- (void)waitUntilFinished;
// 操作名称
@property (nullable, copy) NSString *name;
```

注意，上面列举的属性和方法中有优先级与依赖相关的。这些属性和方法对单独的操作对象并没有太大意义，要配合 NSOperationQueue 操作队列来使用，我们会在下一小节中做具体的介绍。

## 7.4.2　NSOperationQueue 操作队列

NSOperationQueue 是操作队列，添加到操作队列中的 Operation 操作会被自动地调度执行，并且操作队列中的操作都是异步执行的，其中的各个操作任务间也是并行执行的。使用 NSOperationQueue，我们可以显式地将 Operation 对象添加进去，示例代码如下：

```
NSBlockOperation *blockOperation = [NSBlockOperation
blockOperationWithBlock:^{
    [NSThread sleepForTimeInterval:1];
    NSLog(@"执行 blockOperation 任务 A:%@", [NSThread currentThread]);
}];
[blockOperation addExecutionBlock:^{
    [NSThread sleepForTimeInterval:2];
    NSLog(@"执行 blockOperation 任务 B:%@", [NSThread currentThread]);
}];
[blockOperation addExecutionBlock:^{
    [NSThread sleepForTimeInterval:1];
    NSLog(@"执行 blockOperation 任务 C:%@", [NSThread currentThread]);
}];
blockOperation.completionBlock = ^{
    NSLog(@"执行完毕");
};
NSOperationQueue *queue = [[NSOperationQueue alloc] init];
```

```
[queue addOperation:blockOperation];
NSLog(@"End");
```

使用 NSOperationQueue,我们也可以不显式地创建 Operation 对象,直接向操作队列中添加任务,示例如下:

```
NSOperationQueue *queue = [[NSOperationQueue alloc] init];
[queue addOperationWithBlock:^{
    for (int i = 0; i < 5; i++) {
        NSLog(@"读任务 A: %d", i);
    }
}];
[queue addOperationWithBlock:^{
    for (int i = 0; i < 5; i++) {
        NSLog(@"读任务 B: %d", i);
    }
}];
[queue addBarrierBlock:^{
    for (int i = 0; i < 5; i++) {
        NSLog(@"写任务 A: %d", i);
    }
}];
[queue addOperationWithBlock:^{
    for (int i = 0; i < 5; i++) {
        NSLog(@"读任务 C: %d", i);
    }
}];
NSLog(@"End");
```

其中, addOperationWithBlock 方法用来直接向操作队列中添加并行执行的任务;addBarrierBlock 方法是 NSOperationQueue 提供的栅栏函数,用来保证加入的任务独立执行。还有一点需要注意,加入 NSOperationQueue 的任务和当前线程是异步执行的。

与 NSOperationQueue 相关的常用属性和方法列举如下:

```
// 进度对象
@property (readonly, strong) NSProgress *progress;
// 向操作队列中添加操作对象
- (void)addOperation:(NSOperation *)op;
// 向操作队列中添加一组操作对象, wait 参数决定是否阻塞当前线程到任务执行结束
- (void)addOperations:(NSArray<NSOperation *> *)ops
waitUntilFinished:(BOOL)wait;
// 直接向操作队列中添加任务
- (void)addOperationWithBlock:(void (^)(void))block;
```

```
// 直接向操作队列中添加栅栏任务
- (void)addBarrierBlock:(void (^)(void))barrier;
// 设置操作队列中最大的执行中的任务数
@property NSInteger maxConcurrentOperationCount;
// 队列是否被挂起
@property (getter=isSuspended) BOOL suspended;
// 队列名称
@property (nullable, copy) NSString *name;
// 取消队列中所有的操作，只对未执行的操作有效
- (void)cancelAllOperations;
// 阻塞当前线程，直到操作队列中所有的操作执行完成
- (void)waitUntilAllOperationsAreFinished;
// 获取当前的操作队列
@property (class, readonly, strong, nullable) NSOperationQueue *currentQueue;
// 获取主操作队列(主线程所在的队列)
@property (class, readonly, strong) NSOperationQueue *mainQueue;
```

由于操作队列中放入的操作任务都是并行执行的，且有最大的并行任务数，因此操作任务的执行先后顺序会受两方面的影响：

● 操作间的依赖关系，被依赖的执行完成后才能执行依赖任务。
● 操作的优先级，优先级越高，越先执行。

# 7.5 关于线程死锁

在多线程开发中，发生死锁是开发者需要额外注意的一种问题。死锁是指某些场景下导致线程一直在等待无法继续执行。在实际开发中，主线程的死锁会造成应用程序永久卡死。
下面通过几个常见的场景演示死锁如何发生以及我们需要进行怎样的处理。

（1）场景一：在主线程中同步地执行主队列的任务
在主线程中同步地执行主队列的任务是必定会造成死锁的，示例代码如下：

```
#import "ViewController.h"
@interface ViewController ()
@end
@implementation ViewController
- (void)viewDidLoad {
    [super viewDidLoad];
    NSLog(@"Start");
    dispatch_sync(dispatch_get_main_queue(), ^{
        NSLog(@"Task");
    });
```

```
    NSLog(@"End");
}
@end
```

运行上面的代码，应用会因为死锁而发生崩溃。这是由于 viewDidLoad 方法是在主线程中执行的，后面调用 dispatch_sync 与当前线程同步地执行任务，这个任务被添加到主队列中执行，此时主线程并没有空闲，新添加的任务需要等到主线程空闲来执行，而 dispatch_sync 函数又是同步的，主线程必须执行完新添加的任务才能向后执行，这样就产生了线程死锁。

要处理这种情况产生的死锁有两种方式：一是将 dispatch_sync 同步函数改成 dispatch_sync 异步函数；二是在非主队列中执行任务。

（2）场景二：在串行队列中同步地执行当前队列的任务

这个场景与第一个场景是一样的，主队列本身就是一个串行的队列。示例代码如下：

```
dispatch_queue_t queue = dispatch_queue_create("queue",
DISPATCH_QUEUE_SERIAL);
dispatch_async(queue, ^{
    NSLog(@"Start");
    dispatch_sync(queue, ^{
        NSLog(@"Task");
    });
    NSLog(@"End");
});
```

这种死锁场景与场景一的本质是一样的，处理方式也类似，参考场景一的处理方式即可。

（3）场景三：主线程的异步等待

这种场景造成的死锁常常是因为某些资源释放问题造成的永久等待，示例代码如下：

```
NSLog(@"Start");
dispatch_group_t group = dispatch_group_create();
dispatch_group_async(group, dispatch_get_main_queue(), ^{
    NSLog(@"Task");
});
dispatch_group_wait(group, DISPATCH_TIME_FOREVER);
NSLog(@"End");
```

在上面的代码中，主线程会一直等待 group 绑定的任务执行完之后才继续执行，而 group 中绑定的任务是异步在主线程中执行的，在主线程空闲之前，group 绑定的任务无法执行，从而造成死锁。因此，在实际开发中，要慎用 dispatch_group_wait 函数，可以使用 dispatch_group_notify 函数代替。

# 7.6 回顾、思考与练习

本章系统地介绍了 iOS 开发中多线程编程技术的应用，其中包括 pthread、NSThread、GCD 与 NSOperationQueue 等技术，并且结合实际场景分析了可能造成死锁的几种场景。在实际开发中，熟练使用多线程技术十分重要，许多复杂的业务逻辑使用多线程技术可以简化逻辑、提高效率。

在面试中，多线程也是必考的一部分内容，尤其是死锁的场景及处理方式，理解本章的内容也可以帮助求职者更加游刃有余地应对面试官的问题。

## 7.6.1 回顾

回顾一下本章开头时提到的几种技术，现在你是否能全面地介绍出每种技术如何使用、其适用的应用场景与各种技术独有的优势？

## 7.6.2 思考与练习

1. 在 pthread 相关的接口中有哪些与锁相关？
2. GCD 技术都有哪些强大的高级功能？
3. 线程怎么理解？多线程编程可以给应用带来哪些优势？
4. 怎么理解和 NSOperation NSOperationQueue？

# 第8章

## 应用上架指南

在前 7 章中，我们对 iOS 开发中常用的核心技术进行了介绍，相信你的实战编程能力和编程理论都有了一定程度的提高。并且，本书的很多内容都有面试针对性，也可以帮助你在面试前进行强针对性的复习、提高面试的成功率。

本章是本书的最后一章，将介绍一款应用程序开发完成后上架过程中可能会遇到的问题及处理方案。本章介绍的内容也是应用程序从开发到提供给用户使用的最后一部分工作，即代码的调试、上架的配置、审核问题的处理等。本章内容更多的是一些开发经验的总结，对于没有上架经验的读者，本章的内容会非常有用。

### 面试前的冥想

(1) App 提交应用市场审核前需要做哪些工作？

(2) 审核如果被拒绝，有哪些途径解决审核问题？

(3) 对于紧急的 Bug 处理，如何申请加急审核？

(4) 有推送的应用需要做什么样的额外配置？

## 8.1 应用程序推送

在 iOS 应用中，推送分为两种方式：一种是本地推送；另一种是远程推送。本地推送由开发者 Q 通过代码进行注册，当推送的条件满足时，系统会自动触发注册的推送消息。远程推送是由服务端触发的，通过 Apple 的 APNS 服务进行中转，触发推送消息。

本节将介绍本地推送的用法和远程推送的配置方式。

## 8.1.1 UserNotification 框架概览

在 iOS 10 之前，无论是远程推送还是本地推送，系统暴露给开发者的接口都十分有限，为应用添加本地推送只能使用 UILocationNotification 类。在 iOS 10 之后，系统将所有的推送功能都继承在了 UserNotification 框架中。

UserNotification 框架十分强大，相比之前的推送处理类，其有如下优势：

- 通知处理代码可以从 AppDelegate 中剥离。
- 通知的注册、设置、处理更加结构化，更易于模块化开发。
- UserNotification 支持自定义通知音效和启动图。
- UserNotification 支持向通知内容中添加媒体附件，例如音频、视频。
- UserNotification 支持开发者定义多套通知模板。
- UserNotification 支持完全自定义的通知界面。
- UserNotification 支持自定义通知中的用户交互按钮。
- 通知的触发更加容易管理。

在学习 UserNotification 框架之前，首先需要对这个框架有一个整体的理解。UserNotification 框架中拆分定义了许多类、枚举和结构体，其中还定义了许多常量。类与类之间虽然关系复杂，但是脉络十分清晰，把握住主线，层层分析，便很容易理解和应用 UserNotification 框架。图 8-1 描述了 UserNotification 框架中核心数据类型间的关系。

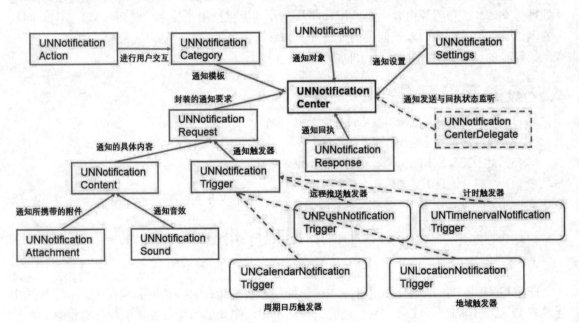

图 8-1 UserNotification 框架中核心数据类型间的关系

UserNotification 框架中的核心功能如下：

- UNNotificationCenter：通知管理中心，单例，负责通知的注册、接收通知后的回调处理等，是 UserNotification 框架的核心。

- UNNotification: 通知对象，其中封装了通知请求。
- UNNotificationSettings: 通知相关设置。
- UNNotificationCategory: 通知模板。
- UNNotificationAction: 用于定义通知模板中的用户交互行为。
- UNNotificationRequest: 注册通知请求，其中定义了通知的内容和触发方式。
- UNNotificationResponse: 接收到通知后的回执。
- UNNotificationContent: 通知的具体内容。
- UNNotificationTrigger: 通知的触发器，由其子类具体定义。
- UNNotificationAttachment: 通知附件类，为通知内容添加媒体附件。
- UNNotificationSound: 定义通知音效。
- UNPushNotificationTrigger: 远程通知的触发器，UNNotificationTrigger 子类。
- UNTimeInervalNotificationTrigger: 计时通知的触发器，UNNotificationTrigger 子类。
- UNCalendarNotificationTrigger: 周期通知的触发器，UNNotificationTrigger 子类。
- UNLocationNotificationTrigger: 地域通知的触发器，UNNotificationTrigger 子类。
- UNNotificationCenterDelegate: 协议，其中的方法用于监听通知状态。

## 8.1.2　推送普通的本地通知

要在 iOS 系统中使用通知，必须获取到用户权限。在 UserNotification 框架中申请通知用户权限需要通过 UNNotificationCenter 来完成，示例如下：

```
[[UNUserNotificationCenter currentNotificationCenter]
requestAuthorizationWithOptions:UNAuthorizationOptionBadge|UNAuthorizationOpti
onSound|UNAuthorizationOptionAlert|UNAuthorizationOptionCarPlay
completionHandler:^(BOOL granted, NSError * _Nullable error) {
        //在 block 中会传入布尔值 granted，表示用户是否同意
        if (granted) {
            //如果用户权限申请成功，设置通知中心的代理
            [UNUserNotificationCenter currentNotificationCenter].delegate =
self;
        }
    }];
```

申请用户权限时，需要通过 options 参数设置要申请的用户权限的类型，这个参数可以传入一个复合枚举，具体如下：

```
typedef NS_OPTIONS(NSUInteger, UNAuthorizationOptions) {
    //允许更新 AppIcon 上的通知数字
    UNAuthorizationOptionBadge    = (1 << 0),
    //允许通知声音
    UNAuthorizationOptionSound    = (1 << 1),
```

```
    //允许通知弹出警告
    UNAuthorizationOptionAlert  = (1 << 2),
    //允许车载设备接收通知
    UNAuthorizationOptionCarPlay = (1 << 3),
};
```

如果用户同意了开启通知权限，则应用程序会拥有接收通知消息的功能。使用下面的代码会发送一条本地的定时通知：

```
//通知内容类
UNMutableNotificationContent * content = [UNMutableNotificationContent new];
//设置通知请求发送时 app 图标上显示的数字
content.badge = @2;
//设置通知的内容
content.body = @"这是 iOS10 的新通知内容：普通的 iOS 通知";
//默认的通知提示音
content.sound = [UNNotificationSound defaultSound];
//设置通知的副标题
content.subtitle = @"这里是副标题";
//设置通知的标题
content.title = @"这里是通知的标题";
//设置从通知激活 app 时的 launchImage 图片
content.launchImageName = @"launch";
//设置触发推送的时间，下面的代码设置 5 秒后触发
UNTimeIntervalNotificationTrigger * trigger =
[UNTimeIntervalNotificationTrigger triggerWithTimeInterval:5 repeats:NO];
//创建推送请求
UNNotificationRequest * request = [UNNotificationRequest
requestWithIdentifier:@"NotificationDefault" content:content trigger:trigger];
//添加通知请求
[[UNUserNotificationCenter currentNotificationCenter]
addNotificationRequest:request withCompletionHandler:^(NSError * _Nullable error)
{
}];
```

## 8.1.3 通知触发器

通知触发器用来定义通知的发送时间。UNNotificationTrigger 是触发器的基类，具体的触发器由它的 4 个子类实现。实际上，在代码中可能会用到的触发器只有 3 种，第 4 种 UNPushNotificationTrigger 远程推送触发器不需要开发者创建，远程通知由远程服务器触发，开发者只需要创建与本地通知有关的触发器进行使用即可。

UNTimeIntervalNotificationTrigger 是计时触发器，可以在添加通知请求后一定时间发送。其中提供的方法如下：

```
//创建触发器，在 timeInterval 秒后触发，可以设置是否循环触发
+ (instancetype)triggerWithTimeInterval:(NSTimeInterval)timeInterval
repeats:(BOOL)repeats;
//获取下次触发的时间点
- (nullable NSDate *)nextTriggerDate;
```

UNCalendarNotificationTrigger 是日历触发器，可以在某个日期触发。其中提供的方法如下：

```
//创建触发器设置触发时间可以设置是否循环触发
+ (instancetype)triggerWithDateMatchingComponents:(NSDateComponents
*)dateComponents repeats:(BOOL)repeats;
//下一次触发的时间点
- (nullable NSDate *)nextTriggerDate;
```

UNLocationNotificationTrigger 是地域触发器，可以在用户进入某一区域时触发。其中提供的方法如下：

```
//地域信息
@property (NS_NONATOMIC_IOSONLY, readonly, copy) CLRegion *region;
//创建触发器
+ (instancetype)triggerWithRegion:(CLRegion *)region repeats:(BOOL)repeats;
```

## 8.1.4 为通知内容添加附件

附件主要指的是媒体附件，例如图片、音频和视频。为通知内容添加附件需要使用 UNNotificationAttachment 类，示例代码如下：

```
//创建图片附件
UNNotificationAttachment * attach = [UNNotificationAttachment
attachmentWithIdentifier:@"imageAttach" URL:[NSURL fileURLWithPath:[[NSBundle
mainBundle] pathForResource:@"2" ofType:@"jpg"]] options:nil error:nil];
UNMutableNotificationContent * content = [UNMutableNotificationContent new];
//设置附件数组
content.attachments = @[attach];
content.badge = @1;
content.body = @"这是 iOS10 的新通知内容：普通的 iOS 通知";
//默认的通知提示音
content.sound = [UNNotificationSound defaultSound];
content.subtitle = @"这里是副标题";
content.title = @"这里是通知的标题";
//设置 5s 之后执行
UNTimeIntervalNotificationTrigger * trigger =
[UNTimeIntervalNotificationTrigger triggerWithTimeInterval:5 repeats:NO];
UNNotificationRequest * request = [UNNotificationRequest
```

```
requestWithIdentifier:@"NotificationDefaultImage" content:content
trigger:trigger];
    [[UNUserNotificationCenter currentNotificationCenter]
addNotificationRequest:request withCompletionHandler:^(NSError * _Nullable error)
{
    }];
```

运行上面的代码，效果如图 8-2、图 8-3 所示。

图 8-2　添加图片附件的通知　　　　图 8-3　添加图片附件的通知

　　注意，UNNotificationContent 的附件数组虽然是一个数组，但是系统的通知模板只能展示其中的第一个附件，设置多个附件也不会有额外的效果，如果开发者进行通知模板 UI 的自定义，则此数组可以派上用场。音频附件界面如图 8-4 所示。

图 8-4 添加了音频附件的通知

注意,添加附件的格式和大小都有一定的要求:图片需要为 JPEG 格式、大小不超过 10MB,音频大小不超过 5MB,视频为 MPEG 格式、大小不超过 50MB。

## 8.1.5 自定义通知模板

自定义通知模板允许开发者修改系统默认的通知样式。例如,在 iOS 设备上,聊天类软件常常采用远程推送的方式推送新消息,用户可以在不进入应用程序的情况下直接在桌面回复通知推送过来的信息,这种功能是通过 UNNotificationCategory 模板与 UNNotificationAction 用户活动来实现的。关于文本回复框,UserNotification 框架中提供了 UNTextInputNotification Action 类(UNNotificationAction 的子类)。示例代码如下:

```
//创建用户活动
/*
options 参数可选如下值:
//需要在解开锁屏状态下使用
UNNotificationActionOptionAuthenticationRequired
//是否是醒目提示的风格
UNNotificationActionOptionDestructive
//是否允许活动在后台启动应用程序
UNNotificationActionOptionForeground
//无设置
UNNotificationActionOptionNone
*/
UNTextInputNotificationAction * action = [UNTextInputNotificationAction
actionWithIdentifier:@"action" title:@"回复"
options:UNNotificationActionOptionAuthenticationRequired
textInputButtonTitle:@"活动" textInputPlaceholder:@"请输入回复内容"];
    //创建通知模板
UNNotificationCategory * category = [UNNotificationCategory
categoryWithIdentifier:@"myNotificationCategoryText" actions:@[action]
intentIdentifiers:@[] options:UNNotificationCategoryOptionCustomDismissAction];
UNMutableNotificationContent * content = [UNMutableNotificationContent new];
content.badge = @1;
content.body = @"这是 iOS10 的新通知内容:普通的 iOS 通知";
    //默认的通知提示音
content.sound = [UNNotificationSound defaultSound];
content.subtitle = @"这里是副标题";
content.title = @"这里是通知的标题";
    //设置通知内容对应的模板。注意,这里的值要与对应模板 id 一致
content.categoryIdentifier = @"myNotificationCategoryText";
    //设置 5s 之后执行
UNTimeIntervalNotificationTrigger * trigger =
[UNTimeIntervalNotificationTrigger triggerWithTimeInterval:5 repeats:NO];
    [[UNUserNotificationCenter currentNotificationCenter]
```

```
setNotificationCategories:[NSSet setWithObjects:category, nil]];
    UNNotificationRequest * request = [UNNotificationRequest
requestWithIdentifier:@"NotificationDefaultText" content:content
trigger:trigger];

    [[UNUserNotificationCenter currentNotificationCenter]
addNotificationRequest:request withCompletionHandler:^(NSError * _Nullable error)
{

    }];
```

注意，要使用模板，通知内容 UNNotificationContent 的 categoryIdentifier 要与 UNNotificationCategory 的 id 一致。

通知模板也支持添加多个自定义的用户交互按钮，示例代码如下：

```
    UNNotificationAction * action = [UNNotificationAction
actionWithIdentifier:@"action" title:@"活动标题 1"
options:UNNotificationActionOptionNone];
    UNNotificationAction * action2 = [UNNotificationAction
actionWithIdentifier:@"action" title:@"活动标题 2"
options:UNNotificationActionOptionNone];
    UNNotificationAction * action3 = [UNNotificationAction
actionWithIdentifier:@"action" title:@"活动标题 3"
options:UNNotificationActionOptionNone];
    UNNotificationAction * action4 = [UNNotificationAction
actionWithIdentifier:@"action" title:@"活动标题 4"
options:UNNotificationActionOptionNone];
     UNNotificationCategory * category = [UNNotificationCategory
categoryWithIdentifier:@"myNotificationCategoryBtn"
actions:@[action,action2,action3,action4] intentIdentifiers:@[]
options:UNNotificationCategoryOptionCustomDismissAction];
    UNMutableNotificationContent * content = [UNMutableNotificationContent new];
    content.badge = @1;
    content.body = @"这是 iOS10 的新通知内容：普通的 iOS 通知";
    //默认的通知提示音
    content.sound = [UNNotificationSound defaultSound];
    content.subtitle = @"这里是副标题";
    content.title = @"这里是通知的标题";
    content.categoryIdentifier = @"myNotificationCategoryBtn";
    //设置 5s 之后执行
    UNTimeIntervalNotificationTrigger * trigger =
[UNTimeIntervalNotificationTrigger triggerWithTimeInterval:5 repeats:NO];
    UNNotificationRequest * request = [UNNotificationRequest
requestWithIdentifier:@"NotificationDefault" content:content trigger:trigger];
    [[UNUserNotificationCenter currentNotificationCenter]
setNotificationCategories:[NSSet setWithObjects:category, nil]];
    [[UNUserNotificationCenter currentNotificationCenter]
```

```
addNotificationRequest:request withCompletionHandler:^(NSError * _Nullable error)
{
    }];
```

注意，系统模板最多支持添加 4 个用户交互按钮，效果如图 8-5 所示。

图 8-5　为通知添加用户交互按钮

## 8.1.6　远程推送

Apple 专门为应用开发者提供了远程推送功能。在需要推送信息时，应用服务端首先将消息发送到 Apple 的 APNS 服务器，再由 APNS 服务器将消息推送到指定的 iPhone 设备，最后由 iOS 系统将消息推送至指定的应用程序。

要使用 Apple 提供的推送服务，首先需要为应用程序创建推送证书。

（1）第一步：请求 CSR 文件

在 Mac 计算机的应用程序中找到钥匙串访问工具并打开，选择工具栏中的证书助理，再选中"从证书颁发机构申请证书"选项进行 CSR 文件的创建。

（2）第二步：配置 AppID

使用付费的开发者账号登录开发者中心，为需要使用推送的应用程序配置特殊的 AppID。在开发者中心的 AppID 配置页面，可以选择 Explicit 类型和 Wildcard 类型中的一种 ID。其中，Explicit 类型是为有特殊功能的应用程序准备的，例如推送功能、游戏中心功能等；Wildcard 类型的 AppID 是通配的，没有特殊功能的应用程序都可以使用。

创建了 AppID 后，需要将其推送功能开启，即在 App Services 中勾选 PushNotificaitons 选项，如图 8-6 所示。

图 8-6 为 AppID 配置推送功能

之后，为开发环境和生产环境分别创建推送证书。这个证书需要交给服务端来触发 APNS 的推送服务。在开发者中心编辑刚才创建的 AppID，可以对其推送证书进行配置，如图 8-7 所示。

图 8-7 配置 AppID 的推送证书

创建推送证书时，需要上传一个 CSR 文件，这里直接上传我们前面创建的 CSR 文件即可。配置完证书后，将其下载即可。

还有一点需要注意，在进行远程推送的时候，要精准地将消息推送给某个指定的设备，需要获取设备的 Token。设备 Token 需要在代码中获取，然后上传给服务端进行个推。可以实现 AppDelegate 类中的如下方法进行设备 Token 的获取：

```
-(void)application:(UIApplication *)application
didRegisterForRemoteNotificationsWithDeviceToken:(NSData *)deviceToken{
    NSLog(@"%@",deviceToken);//这里的 Token 就是设备要告诉服务端的 Token 码
}
```

当用户点击推送消息进入应用程序时，其回调需要通过 UNUserNotificationCenterDelegate 来实现，此时这个代理的如下方法会被调用，我们可以在其中处理推送逻辑：

```
- (void)userNotificationCenter:(UNUserNotificationCenter *)center
didReceiveNotificationResponse:(UNNotificationResponse *)response
withCompletionHandler:(void(^)())completionHandler;
```

# 8.2　应用程序上架流程

开发一款应用程序的终极目的是将应用程序提交到 AppStore 市场，供用户下载使用。提交应用程序之前，首先需要保证应用程序的功能完整性，要通过完整的功能性测试，解决测试中暴露的各种问题。

提交应用程序后，只有通过 Apple 审核的应用才能上架，如果审核结果为拒绝上架，则需要根据审核意见进行修改，之后重新提交审核。

## 8.2.1　关于应用程序测试

功能测试是应用程序测试中最重要的一部分，但是并不是唯一需要测试的。关于功能测试，可以使用的方法有很多种，如果是个人开发的应用程序，开发和测试通常是由同一个人完成，但在团队中，应用程序的测试往往由独立的人员负责。

测试人员首先需要完全了解产品的各种细节，根据产品的设计整理出应用程序的功能流程图，之后编写完整的测试用例。测试用例通常会覆盖所有功能点，是应用程序上线前必须全部通过的用例列表。具体的功能测试由自动化测试与人工测试两部分组成：对于接口有效性和流程上的逻辑可以进行自动化测试，非常高效并且方便回归；对于界面和交互上的测试用例更多的是采用人工测试，以用户的维度进行测试，做上线前的最终保证。

除了功能测试，安全测试和性能测试也非常重要。

安全测试需要开发人员对应用程序的安全性进行检查，例如数据的传输加密、本地缓存数据的加密保护、用户账户信息的加密保护、用户权限的鉴别以及代码安全性的保护等。增强应用的安全性可以防止因为某些恶意用户的行为而对其他正常用户造成损失。

性能测试包括极限测试、响应能力测试以及压力测试等。应用程序性能的优劣会直接影响到应用的用户体验。极限测试通常是指在应用程序承受边界压力的情况下是否可以良好地工作，是否依然有非常舒适的用户体验，包括在电量不足、存储空间不足、网速低等情况下应用是否可以顺畅运行。响应能力测试是指当用户对应用程序进行操作时，应用程序的响应时间是否达标，在前面章节提到的界面优化其实就是对应用的响应性能进行优化。压力测试是指在用户反复使用、长时间使用后应用程序是否正常，在大用户量同时使用的时候应用的数据传输是否正常等。

## 8.2.2　提交应用程序到 AppStore

提交应用程序到 AppStore 之前需要申请一个开发者账号。开发者账号的申请虽然简单，但是需要一定的时间。因此，对于有上架计划的应用程序，一定要提前进行开发者账号的申请。

首先需要申请普通的开发者账号，可在如下网站直接进行申请即可：

https://developer.apple.com

申请开发者账号时，需要完善用户的信息，例如名字、国家、邮箱等。其中邮箱务必要使用真实可用的，账号的激活需要使用邮箱进行验证。在申请账号时，还需要提供一组密保问题和答案，这些问题和答案也需要牢记，如果账号的密码丢失，可以使用这些信息找回密码。

申请完了普通的开发者账号后，还需要申请一个邓白氏码（这一步最耗时间），网址如下：

https://developer.apple.com/enroll/duns-lookup/

提交了邓白氏码的申请后，如果没有问题一周左右就可以在邮箱中收到申请的邓白氏码。

准备好了邓白氏码后，就可以正式进入付费开发者账号的申请了。申请开发者账号时，有 3 种类型可以选择：个人类型的开发者账号、公司类型的开发者账号和企业类型的开发者账号。个人和公司类型的开发者账号目前的价格为每年 99 美元，企业类型的开发者账号目前为每年 299 美元。个人和公司的开发者账号都可以将开发的应用程序提交到 AppStore，企业的开发者账号不能提交应用程序到 AppStore，但是可以通过企业证书进行企业内部应用分发。

提交申请后，需要等待一段时间。其间 Apple 会有专门的人员联系申请时填写的联系人，与其进行申请情况的核实。核实完成后整个开发者账号的申请基本完成，登录开发者中心进行支付，支付完成后即可使用。

Xcode 开发工具是一套非常完善的工具集，其中集成了编辑器、编译器、调试工具、测试工具、上传工具等开发工具。对于开发完成的应用程序，开发者可以直接使用 Xcode 可视化的界面进行打包和上传。在 Xcode 的工具栏中选择 Product→Archive 即可进行应用程序的打包，打包完成后会自动打开 Organizer 窗口，在其中可以进行应用的上传。

## 8.2.3　应用审核拒绝后的处理方案

在开发应用程序之前，阅读 Apple 的应用审核指南也是非常重要的一件事。违反 Apple 应用申请规则的应用程序一般是不能上架的。而且对于一些功能特殊的应用程序，开发者也需要申请额外的权限。在下面的网址中有完整的应用程序审核规则，作为 iOS 开发者，阅读这份指南十分有必要：

https://developer.apple.com/cn/app-store/review/guidelines/

审核指南分为如下几个部分：

（1）安全

安全部分主要包括保护用户安全的相关规定，例如应用中不能有诽谤、歧视以及虚假信息等相关的内容。对于用户生成的内容要有审核机制等。

（2）性能

性能部分主要包括应用程序的完整性、测试的完整性，保证应用程序没有明显的缺陷以及有相应的兼容性等。

（3）商务

商务部分规定了应用程序内购买的相关规则等。

（4）设计

设计部分对应用程序的设计进行了规定，严禁有抄袭嫌疑的应用程序上架，因此开发者在应用设计时要避免使用没有版权的元素。

（5）法律

法律部分与应用程序要提交的地区有关，上架应用程序必须要保证其遵守了当地的法律法规。

一般情况下，如果是因为违反了 Apple 申请指南中的某项规则而被拒绝上架，那么 Apple 审核团队会对审核意见进行反馈，并将有问题的地方截图给开发者，开发者根据审核反馈中的提示进行修改即可。

如果开发者对申请的结果有异议，也可以进入如下网址联系 Apple 的审核团队人员进行申诉：

https://developer.apple.com/contact/app-store/

在上面的网站中，开发者不仅可以对审核结果进行申诉，当应用程序出现紧急的问题需要修复时，还可以申请加速审核，但是 Apple 对每个开发者账号可申请的加速审核次数有限制，所以只有在遇到紧急情况时才应使用。

# 8.3　回顾、思考与练习

本章主要介绍了如何为应用程序添加推送功能，并介绍了应用程序从开发到上架的完整过程。

## 8.3.1　回顾

你之前有提交过应用程序到 AppStore 吗，中间遇到过什么问题吗？审核顺利吗？

## 8.3.2　思考与练习

1. 简述提交应用被拒后应该怎么处理。
2. 你在之前的工作经验中遇到过哪些应用被拒的情况，都是如何解决的？